长岛生物多样性科普丛书

长岛植物资源

山东省林业保护和发展服务中心
北京林业大学　组织编写
北京中林联林业规划设计研究院有限公司

李春兰　邵　飞　于国祥　梁江涛　王清春　主编

中国林业出版社
China Forestry Publishing House

图书在版编目（CIP）数据

长岛植物资源/山东省林业保护和发展服务中心,北京林业大学,北京中林联林业规划设计研究院有限公司组织编写；李春兰等主编. -- 北京：中国林业出版社,2023.9

（长岛生物多样性科普丛书）

ISBN 978-7-5219-2357-5

Ⅰ.①长… Ⅱ.①山…②北…③北…④李… Ⅲ.①植物资源—概况—长岛县 Ⅳ.①Q948.525.24

中国国家版本馆CIP数据核字(2023)第181545号

策划编辑：肖静
责任编辑：肖静　刘煜
装帧设计：北京八度出版服务机构

出版发行：中国林业出版社
　　　　（100009，北京市西城区刘海胡同7号，电话83143605）
电子邮箱：cfphzbs@163.com
网址：www.forestry.gov.cn/lycb.html
印刷：河北京平诚乾印刷有限公司
版次：2023年9月第1版
印次：2023年9月第1次
开本：889mm×1194mm　1/16
印张：13
字数：264千字
定价：128.00元

编写委员会

组织编写

山东省林业保护和发展服务中心

北京林业大学

北京中林联林业规划设计研究院有限公司

编写人员

主　　编：李春兰　邵　飞　于国祥　梁江涛　王清春

副 主 编：邢成龙　李　兴　张乐乐　初永忠　于国旭　乔　厦

编写人员（按姓氏笔画顺序）：

丁　彬　卜祥祺　王少帅　王瑞雪　包志强　冯　雪

刘　琳　刘金龙　李　晖　吴忠迅　吴思明　余海涛

宋梓雄　张刘东　张峻新　张鹏远　岳　阳　周继磊

孟晓烨　赵文太　高　晴　郭建曜　崔　聘　彭　帆

韩冠冉　解小锋　窦　霄

前 言

为加强长岛国家级自然保护区植物保护，提升长岛生态系统多样性、稳定性、持续性，山东省林业保护和发展服务中心联合北京林业大学、北京中林联林业规划设计研究院有限公司等单位，组织开展了长岛国家级自然保护区维管束植物生态调查监测。该项目旨在掌握长岛维管束植物的数量、分布及生长状况，识别分析重要影响因子，提出针对性保护措施，提升保护区植物保护水平，为开展长岛植物保护研究提供重要参考。

山东长岛国家级自然保护区（以下简称"长岛保护区"），地处山东半岛与辽东半岛之间，黄海、渤海交汇处的烟台市蓬莱区，地理坐标为东经120°35′28″~120°56′36″，北纬37°53′30″~38°23′58″之间，1982年经山东省人民政府批准建立，1988年晋升为国家级自然保护区，是国务院公布的第二批国家级森林和野生动物类型自然保护区之一。长岛保护区总面积5015.2公顷，由长山列岛的32个岛屿组成，其中有居民岛10个。

植物多样性是长岛保护区生物多样性的重要组成部分，是区域生态系统的基础。植物资源是区域经济发展、生态建设、人民生活的原始成分，不可或缺。为更好地保护和可持续利用长岛的植物资源，项目组开展了为期近2年的野外调查，通过系统的野外调查和历史资料查阅，初步查明了长岛植物的种类和分布，分析了植物区系组成和特征，为长岛国家公园建设奠定了数据基础。据资料记载，长岛保护区内分布有维管束植物142科633属1240种（包含种下等级），其中栽培种619种，包含了主要的家养花卉和农作物等。2023年最新长岛维管束植物资源普查中共记录到长岛自然分布和一些广泛栽培的常见园林绿化植物共706种（恩格勒系统，下同），其中包括蕨类植物9科10属15种，种子植物88科362属691种，种子植物中有裸子植物3科5属6种，被子植物85科357属685种。长岛植物区系的形成与起源较为复杂，按照吴征镒对中国种子植物区系地理成分的划分，中国植物的15个分布型（甚至热带成分、东亚成分和地中海成分）在保护区都有一定数量的分布。由于地处北温带，温带成分在保护区占有明显优势，约为41%，热带分布型也占很大比重，占36.5%，中国特有分布型有1.61%，其他各种分布型各有一定的比例。按照植物的主要利用价值，将长岛植物资源分成8个主要类型——药用资源植物、食用资源植物、饲料资源植物、观赏资源植物、用材资源植物、有毒资源植物、油脂资源植物、纤维资源植物，分别按类群选择典型代表物种做出详细介绍，为未来长岛地带性植被的保护修复以及重点植物资源的开发利用提供数据支撑。

本书编写过程中，得到长岛国家级自然保护区管理中心、长岛海洋国家公园管理中心等单位及有关专家学者的大力支持，在此表示衷心感谢。本书数易其稿，反复修改，力求全面展示长岛丰富的植物资源，把最丰富、最前沿的植物知识、植物文化以直观形象、通俗易懂的形式分享给读者。由于编者专业能力和水平有限，书中难免出现错漏，敬请读者批评指正。

编者

2023年8月4日

目 录

前 言

第 1 章 自然环境概况 ··· 001

1.1 地理位置 ·· 002
1.2 地质 ·· 002
1.3 地貌 ·· 002
1.4 土壤状况 ·· 002
1.5 气候状况 ·· 003

第 2 章 植物区系分析 ··· 005

2.1 植物区系的基本组成 ··· 006
2.2 植物区系的多样性分析 ·· 006
2.3 维管束植物的分布区类型 ··· 007

第3章　植物识别特征 023

3.1　叶的识别特征 024
3.2　茎的识别特征 027
3.3　根的识别特征 027
3.4　花的识别特征 027
3.5　果实的识别特征 028
3.6　种子的识别特征 029

第4章　资源植物 031

药用资源植物 032
食用资源植物 052
饲料资源植物 072
观赏资源植物 092
用材资源植物 112
有毒资源植物 132
油脂资源植物 141
纤维资源植物 160

主要参考文献 180
附录　长岛植物名录 181
中文名索引 195
学名索引 198

第1章 自然环境概况

1.1 地理位置

山东长岛国家级自然保护区（以下简称"长岛保护区"）位于山东省烟台市蓬莱区境内，地理坐标为东经120°35′28″～120°56′36″，北纬37°53′30″～38°23′58″。长岛保护区位于山东半岛、辽东半岛之间的渤海海峡、山东省长岛县境内，主要由南长山岛、北长山岛、南隍城岛、北隍城岛、大黑山岛、小黑山岛、大钦岛、小钦岛、庙岛、高山岛、猴矶岛、车由岛等32个岛屿组成。长岛海岸线总长146千米。

长岛保护区总面积为5015.2公顷，其中，核心区面积1333.8公顷，实验区面积3681.4公顷。该保护区的陆地面积为3910.0公顷，而有永久性湿地海域为1105.2公顷。

1.2 地质

长岛保护区地理上属诸岛系"胶东隆起"断陷分离出的岛链式基岩群岛，属胶东隆起的北延部分。北邻辽东隆起，南连胶东隆起，处于胶辽隆起的结合部位。出露地层为上远古界"蓬莱群"，为一套浅变质岩系。岛屿构造简单，地层多呈单斜，断层规模较小，岩浆活动较微弱。

1.3 地貌

长岛保护区的地貌以剥蚀山丘和海岸为主要特征，第四纪黄土普遍发育。海岸曲折，海蚀显著，百米以上山头40余座，最高海拔202.8米。

丘陵和山脉多与地层走向一致（南、北长岛尤为明显），石英岩抗风化，组成山脊，板岩风化为谷。山势多为平顶山和半劈山，山体坡度一般为10°～40°。除南长山岛、北长山岛、大黑山岛、砣矶岛、大钦岛和北隍城岛等岛有多山夹谷和和局部小块平地外，多数岛屿为露海孤山（丘）。

诸岛海岸多为基岩海岸。其中，南隍城岛、北隍城岛、大钦岛、高山岛、猴矶岛等岛的基岩海岸占其海岸总长的50%以上，并多系峭壁岩滩。由于其岩性和产状不同，形成形态多姿的海蚀洞、海蚀拱和奇礁异石，如南长山岛的"望夫礁"、小黑山岛的"狮子石"、高山岛的神仙洞等。

1.4 土壤状况

长岛保护区的土壤可分为3类——棕壤、褐土和潮土，下分6个亚类7个土属11个土种。

棕壤俗名为"石渣土"，全县只有棕壤性土1个亚类，为变质岩母质风化物。其主要分布于山丘中上部，土壤质地粗疏，表层沙砾多，蓄水能力差，养分含量少，呈中性或微酸性反应。

褐土可分为3个亚类——淋溶褐土、褐土和潮褐土，发育于马兰黄土母质区。褐土土类，土体深厚，通体有石灰反应，pH7左右，养分含量高，适耕性较好。其主要分布于山丘中下部和部分滨海平缓地，以南长山岛、北长山岛、大黑山岛和小黑山岛较为典型，另在砣矶岛、大钦岛、小钦岛、南隍城岛、北隍城岛和庙岛也有发育。

潮土又名为淤土，有滨海盐化潮土、滨海软石土2个亚类。其主要分布于滨海平缓地。其中，滨海盐化潮土分布在北长山岛嵩前村西北部,潜水埋深2米左右,耕性一般,生产性能差;滨海软石土分布于北长山岛北城村,潜水埋深3米左右,耕性一般。

1.5 气候状况

长岛保护区属于暖温带季风区大陆性气候,因受冷暖空气交替的影响,加之海水的调温作用,气候温和湿润,具有冬暖夏凉的特点,四季特点是:春季风大回暖晚,夏季雨多气候凉,秋季干燥降温慢,冬季风频寒潮多。虽然四季分明,却无严寒酷暑之虞。年平均气温为11.0℃~12.0℃,最高气温出现在8月,平均气温为24.5℃,极高温为37℃;最低气温出现在1月,平均气温为-1.8℃,极低温为-14℃。年平均降水量为500~700毫米,雨量集中在7月和8月,无霜期243天。

第 2 章　植物区系分析

2.1 植物区系的基本组成

长岛地区分布有野生维管束植物种及变种和变型（包括野生和广泛栽培种，下同）97科372属706种（恩格勒系统，下同），其中包括蕨类植物9科10属15种，种子植物88科362属691种；种子植物中有裸子植物3科5属6种，被子植物85科357属685种。

长岛地区野生维管束植物具体情况见表2-1。

表2-1 长岛野生维管束植物统计

类别	科	比例（%）	属	比例（%）	种	比例（%）
蕨类植物	9	9.28	10	2.69	15	2.12
裸子植物	3	3.09	5	1.34	6	0.85
被子植物	85	87.63	357	95.97	685	97.03
合计	97	100	372	100	706	100

2.2 植物区系的多样性分析

在长岛保护区维管束植物中，含10种以上的科有19个，占本区植物科总数的19.59%，包括487种，占本区植物种总数的68.98%。

含5种以下的少种科数目多达42个，区域性的单种科也达25个，少种科和区域性单种科的科数之和达到了总科数目的69.07%，而种数却只占总种数目的19.83%，这说明在长岛保护区分布的植物科数很多，然而物种并不多，若消失一两个物种，就可能是整个科的消失，因此，在当地对这些单种科要优先保护，以保证植物的多样性。具体统计见下表2-2。

表2-2 科种的统计与分析

科内物种数	科数	比例（%）	种数和	比例（%）
14种以上	12	12.37	404	57.22
10~13种	7	7.22	83	11.76
6~9种	11	11.34	79	11.19
2~5种	42	43.30	115	16.29
区域性单种科	25	25.77	25	3.54
合计	97	100.00	706	100.00

长岛保护区含10属以上的科有7科，科中共有173属，分别占科、属数目的7.22%和46.51%；区域性单属科有45个，科中共有45属，分别占科、属数目的46.39%和12.1%，单属科比例较高，这说明了保护区植物的脆弱性，一旦某属消失，就意味着有同样的科从保护区消失。科属的统计信息如下表2-3所示。

表2-3 科属的统计分析

科内属数	科数	比例（%）	属数和	比例（%）
10属以上	7	7.22	173	46.50
5~9属	10	10.31	60	16.13
2~4属	35	36.08	94	25.27
区域性单属科	45	46.39	45	12.10
合计	97	100.00	372	100.00

长岛保护区含10种以上的属只有3属，共39种，分别占属、种数目的0.81%和5.52%，比例并不大；区域性单种属却多达217个，共217种，分别占属、种的58.33%和30.74%，这也同样说明了保护区植物的脆弱性，一旦某很少的种消失，就意味着有同样的属从保护区内消失。属的统计信息如下表2-4所示。

表2-4 属种的统计分析

属内种数	属数	比例（%）	种数和	比例（%）
10种以上	3	0.81	39	5.52
5~9种	20	5.38	119	16.86
2~4种	132	35.48	331	46.88
区域性单种属	217	58.33	217	30.74
合计	372	100	706	100

总体来讲，从科的统计分析可以看出，长岛保护区维管束植物的种既有向菊科、禾本科、豆科、蔷薇科等一些世界性大科集中的倾向，同时又向少种科单种分散；属的分析结果中可以看出少种属和单种属占93.81%，说明长岛保护区维管束植物分类群特征表现出一定的变异性和多样性。

2.3 维管束植物的分布区类型

长岛地区植物丰富多样，区系的形成与起源较为复杂。中国植物的15个分布型（甚至热带成分、东亚成分和地中海成分）在保护区都有一定数量的分布，由于地处北温带，温带成分在保护区占有明显优势，达到了27.7%，热带分布型也占很大比重，占26.6%，中国特有分布型有1.61%，其他各种分布型各有一定的比例。具体情况如表2-5。

表2-5 长岛野生维管束植物区系分布型

分布型	属数	比例（%）
1.世界分布	60	16.13
2.泛热带分布	66	17.74
3.热带亚洲和热带美洲间断分布	4	1.08
4.旧世界热带分布	9	2.42
5.热带亚洲至热带大洋洲分布	5	1.34
6.热带亚洲至热带非洲分布	11	2.96
7.热带亚洲分布	4	1.08

（续）

分布型	属数	比例（%）
8.北温带分布	103	27.69
9.东亚和北美洲间断分布	18	4.84
10.旧世界温带分布	39	10.48
11.温带亚洲分布	9	2.42
12.地中海区、西亚至中亚分布	7	1.88
13.中亚分布	5	1.34
14.东亚分布	26	6.99
15.中国特有分布	6	1.61
总计	372	100

（1）世界分布

世界分布区类型包括几乎遍布世界各大洲而没有特殊分布中心的属，或虽有一个或数个分布中心而包含世界分布种的属。在我国，属于这一类型的大约有51科108属。长岛保护区属于世界分布的有35科60属160种，其中，蕨类植物有4科4属7种，种子植物有35科56属160种。具体植物情况如下表2-6所示。

表2-6　长岛维管束植物世界分布种类

属	科	种
卷柏属 Selaginella	卷柏科 Selaginellaceae	蔓出卷柏，卷柏，中华卷柏
碗蕨属 Dennstaedtia	碗蕨科 Dennstaedtiaceae	细毛碗蕨
蕨属 Pteridium	蕨科 Pteridacaeae	蕨
蹄盖蕨属 Athyrium	蹄盖蕨科 Athyriaceae	禾秆蹄盖蕨，日本安蕨
蓼属 Persicaria	蓼科 Polygonaceae	西伯利亚蓼，叉分蓼，两栖蓼，毛蓼，柳叶刺蓼，水蓼，酸模叶蓼，红蓼，扛板归，香蓼，萹蓄，习见萹蓄
酸模属 Rumex	蓼科 Polygonaceae	皱叶酸模，巴天酸模，羊蹄，齿果酸
何首乌属 Pleuropterus	蓼科 Polygonaceae	何首乌，卷茎蓼，齿翅蓼
虎杖属 Reynoutria	蓼科 Polygonaceae	虎杖
藜属 Chenopodium	藜科 Chenopodiaceae	杂配藜，藜，小藜，土荆芥，菊叶香藜，灰绿藜，刺藜
猪毛菜属 Salsola	藜科 Chenopodiaceae	猪毛菜，无翅猪毛菜，刺沙蓬
碱蓬属 Suaeda	藜科 Chenopodiaceae	盐地碱蓬
滨藜属 Atriplex	藜科 Chenopodiaceae	中亚滨藜，滨藜
苋属 Amaranthus	苋科 Amaranthaceae	凹头苋，老鸦谷，腋花苋，绿穗苋，反枝苋，皱果苋
繁缕属 Stellaria	石竹科 Carophyllaceae	雀舌草，中国繁缕，叉歧繁缕，繁缕，无瓣繁缕
银莲花属 Anemone	毛茛科 Ranunculaceae	大花银莲花
铁线莲属 Clematis	毛茛科 Ranunculaceae	大叶铁线莲，棉团铁线莲，大花铁线莲，长冬草
毛茛属 Ranunculus	毛茛科 Ranunculaceae	茴茴蒜，禺毛茛，石龙芮
碎米荠属 Cardanmine	十字花科 Brassicaceae	弯曲碎米荠，粗毛碎米荠，水田碎米荠，碎米荠
独行菜属 Lepidium	十字花科 Brassicaceae	独行菜，北美独行菜
蔊菜属 Rorippa	十字花科 Brassicaceae	蔊菜，沼生蔊菜，风花菜
臭荠属 Coronopus	十字花科 Brassicaceae	臭荠
悬钩子属 Rubus	蔷薇科 Rosaceae	牛叠肚，茅莓

(续)

属	科	种
黄耆属 Astragalus	豆科 Fabaceae	达乌里黄，斜茎黄芪，糙叶黄芪，蔓黄芪
槐属 Sophora	豆科 Fabaceae	苦参，槐
酢浆草属 Oxalis	酢浆草科 Oxalidaceae	酢浆草
老鹳草属 Granium	牻牛儿苗科 Geraniaceae	鼠掌老鹳草，老鹳草
远志属 Polygala	远志科 Polygalaceae	瓜子金，远志
鼠李属 Rhamnus	鼠李科 Rhamnaceae	圆叶鼠李，东北鼠李，小叶鼠李
堇菜属 Viola	堇菜科 Violaceae	开堇菜，紫花地丁，茜堇菜
珍珠菜属 Lysimachia	报春花科 Primulaceae	狼尾花，狭叶珍珠菜，矮桃，星宿菜
龙胆属 Gentiana	龙胆科 Gentianaceae	假水生龙胆
旋花属 Convolvulas	旋花科 Convolvulaceae	银灰旋花，田旋花，刺旋花
香科科属 Teucrium	唇形科 Lamiaceae	黑龙江香科科，血见愁
鼠尾草属 Salvia	唇形科 Lamiaceae	荫生鼠尾草，荔枝草
黄芩属 Scutellaria	唇形科 Lamiaceae	黄芩，沙滩黄芩
酸浆属 Physalis	茄科 Solanaceae	苦蘵
茄属 Solanum	茄科 Solanaceae	白英，龙葵
车前属 Plantago	车前科 Plantaginaceae	车前，平车前，大车前，长叶车前，芒苞车前
拉拉藤属 Galium	茜草科 Rubiaceae	拉拉藤，四叶葎，蓬子菜
鬼针草属 Bidens	菊科 Asteraceae	婆婆针，金盏银盘，小花鬼针草，鬼针草，狼杷草
飞蓬属 Erigeron	菊科 Asteraceae	一年蓬
鼠麴草属 Gnaphalium	菊科 Asteraceae	鼠曲草
苍耳属 Xantnium	菊科 Asteraceae	苍耳，西方苍耳，意大利苍耳
牛膝菊属 Galinsoga	菊科 Asteraceae	牛膝菊
熟禾属 Poa	禾本科 Poaceae	白顶熟禾，草地熟禾，熟禾
芦苇属 Phramites	禾本科 Poaceae	芦苇
黍属 Panicum	禾本科 Poaceae	糠稷，旱黍草，柳枝稷
马唐属 Digitaria	禾本科 Poaceae	马唐，毛马唐，止血马唐
薹草属 Carex	莎草科 Cyperaceae	青绿薹草，白颖薹草，异穗薹草，低矮薹草，筛草，大披针薹草，尖嘴薹草，长嘴薹草，矮生薹草
藨草属 Scirpus	莎草科 Cyperaceae	扁秆荆三棱
莎草属 Cyperus	莎草科 Cyperaceae	头状穗莎草，碎米莎草，具芒碎米莎草，香附子
灯心草属 Juncus	灯心草科 Juncaceae	灯芯草
金鱼藻属 Ceratophyllaceae	金鱼藻科 Ceratophyllum	金鱼藻
浮萍属 Lemna	浮萍科 Lemnaceae	浮萍
紫萍属 Spirodela	浮萍科 Lemnaceae	紫萍
补血草属 Limonium	白花丹科 Plumbaginaceae	二色补血草，烟台补血草
半边莲属 Lobelia	桔梗科 Campanulaceae	半边莲，山梗菜
狐尾藻属 Myriophyllum	小二仙草科 Haloragidaceae	穗状狐尾藻
商陆属 Phytolacca	商陆科 Phytolaccaceae	商陆，垂序商陆
香蒲属 Typha	香蒲科 Typhaceae	水烛，香蒲

（注：种的学名见附录，下同）

（2）泛热带分布

泛热带分布区类型包括普遍分布于东、西两半球热带，和在全世界热带范围内有一个或数个分布中心，但在其他地区也有一些种类分布的热带属。泛热带分布区类型中有不少属于广布于热带、亚热带，甚至到温带的属。我国属于这一类型及其变型的约372属，多数为单型属和小型属，因为它们都以热带为分布中心，在我国已达到或接近它们分布区的边界。典型的泛热带分布在我国有约112科326属，其中长岛保护区属于泛热带分布的有31科66属111种，包括蕨类植物3科3属3种，种子植物28科63属108种。具体植物情况如下表2-7。

表2-7　长岛维管束植物泛热带分布种类

属	科	种
粉背蕨属 Aleuritopteris	中国蕨科 Sinopteridaceae	银粉背蕨
水蕨属 Ceratopteris	水蕨科 Parkeriaceae	水蕨
石韦属 Pyrrosia	水龙骨科 Polypodiaceae	有柄石韦
苘麻属 Abutilon	锦葵科 Malvaceae	苘麻
铁苋菜属 Acalypha	大戟科 Euphorbiaceae	铁苋菜
牛膝属 Achyranthes	苋科 Amaranthaceae	牛膝
合萌属 Aeschynomene	豆科 Fabaceae	合萌
莲子草属 Alternanthera	苋科 Amaranthaceae	喜旱莲子草
马兜铃属 Aristolochia	马兜铃科 Aristolochiaceae	北马兜铃，寻骨风
芦竹属 Arundo	禾本科 Poaceae	芦竹
孔颖草属 Bothriochloa	禾本科 Poaceae	白羊草
拂子茅属 Calamagrostis	禾本科 Poaceae	拂子茅，假苇拂子茅
打碗花属 Calystegia	旋花科 Convolvulaceae	打碗花，藤长苗，柔毛打碗花，旋花，肾叶打碗花
南蛇藤属 Celastrus	卫矛科 Celastraceae	南蛇藤
青葙属 Celosia	苋科 Amaranthaceae	青葙，鸡冠花
朴属 Celtis	榆科 Ulmaceae	黑弹树
石胡荽属 Centipeda	菊科 Asteraceae	石胡荽
决明属 Cassia	豆科 Fabaceae	豆茶山扁豆，决明
虎尾草属 Chloris	禾本科 Poaceae	虎尾草
大青属 Clerodendrum	唇形科 Lamiaceae	海州常山
木防己属 Cocculus	防己科 Menispermaceae	木防己
鸭跖草属 Commelina	鸭跖草科 Commelinaceae	饭包草，鸭跖草
金鸡菊属 Coreopsis	菊科 Asteraceae	剑叶金鸡菊
猪屎豆属 Crotalaria	豆科 Fabaceae	农吉利
菟丝子属 Cuscuta	旋花科 Convolvulaceae	菟丝子，金灯藤
鹅绒藤属 Cynanchum	夹竹桃科 Apocynaceae	牛皮消，白首乌，鹅绒藤，地梢瓜，隔山消
狗牙根属 Cynodon	禾本科 Poaceae	狗牙根
曼陀罗属 Datura	茄科 Solanaceae	毛曼陀罗，曼陀罗
薯蓣属 Dioscorea	薯蓣科 Dioscoreaceae	穿龙薯蓣，薯蓣

（续）

属	科	种
柿属 Diospyros	柿科 Ebenaceae	柿，君迁子
鳢肠属 Eclipta	菊科 Asteraceae	鳢肠
穇属 Eleusine	禾本科 Poaceae	牛筋草
麻黄属 Ephedra	麻黄科 Ephedraceae	草麻黄
飞蓬属 Erigeron	菊科 Asteraceae	香丝草，小蓬草
野黍属 Eriochloa	禾本科 Poaceae	野黍
卫矛属 Euonymus	卫矛科 Celastraceae	卫矛，扶芳藤，白杜，栓翅卫矛
泽兰属 Eupatorium	菊科 Asteraceae	林泽兰
大戟属 Euphorbia	大戟科 Euphorbiaceae	乳浆大戟，狼毒大戟，泽漆，地锦草，斑地锦草，银边翠，大戟，匍匐大戟，钩腺大戟
牛鞭草属 Hemarthria	禾本科 Poaceae	大牛鞭草
木槿属 Hibiscus	锦葵科 Malvaceae	野西瓜苗
白茅属 Imperata	禾本科 Poaceae	白茅，大白茅
木蓝属 Indigofera	豆科 Fabaceae	河北木蓝，花木蓝
番薯属 Ipomoea	旋花科 Convolvulaceae	牵牛，圆叶牵牛，大花牵牛
柳叶箬属 Isachne	禾本科 Poaceae	柳叶箬
鸭嘴草属 Ischaemum	禾本科 Poaceae	粗毛鸭嘴草
素馨属 Jasminum	木樨科 Oleaceae	迎春花
水蜈蚣属 Kyllinga	莎草科 Cyperaceae	短叶水蜈蚣
双稃草属 Diplachne	禾本科 Poaceae	双稃草
鱼黄草属 Merremia	旋花科 Convolvulaceae	北鱼黄草
求米草属 Oplismenus	禾本科 Poaceae	求米草
狼尾草属 Pennisetum	禾本科 Poaceae	狼尾草，白草
叶下珠属 Phyllanthus	大戟科 Euphorbiaceae	叶下珠
冷水花属 Pilea	荨麻科 Urticaceae	冷水花，透茎冷水花
马齿苋属 Portulaca	马齿苋科 Portulacaceae	马齿苋
硬草属 Sclerochloa	禾本科 Poaceae	耿氏假硬草
狗尾草属 Setaria	禾本科 Poaceae	大狗尾草，金色狗尾草，狗尾草
菝葜属 Smilax	菝葜科 Smilacaceae	牛尾菜，华东菝葜
土人参属 Talinum	马齿苋科 Portulacaceae	土人参
香椿属 Toona	楝科 Meliaceae	香椿
锋芒草属 Tragus	禾本科 Poaceae	虱子草
蒺藜属 Tribulus	蒺藜科 Zygophyllaceae	蒺藜
苦草属 Vallisneria	水鳖科 Hydrocharitaceae	苦草
豇豆属 Vigna	豆科 Fabaceae	贼小豆，三裂叶绿豆
牡荆属 Vitex	唇形科 Lamiaceae	黄荆，荆条，单叶蔓荆
花椒属 Zanthoxylum	芸香科 Rutaceae	花椒，无刺花椒，青花椒，野花椒
枣属 Ziziphus	鼠李科 Rhamnaceae	枣，酸枣

（3）热带亚洲和热带美洲间断分布

这一分布区类型包括间断分布于美洲和亚洲温暖地区的热带属，在东半球从亚洲可能延伸到澳大利亚东北部或西南太平洋岛屿。我国属于这一类的约52科89属，这包括了原产美洲热带引种栽培而归化的50余属，所以此分布并不能充分说明亚洲和美洲间植物区系的自然关系，但它们都是各类有用植物，是扩大我国植物资源的一个重要来源。此类型野生的植物约37属，数量不多，因为热带美洲或南美洲本来位于古南大陆西部，最早于侏罗纪末期就和非洲开始分裂，至白垩纪末期则和非洲完全分离。长岛保护区野生种属于热带亚洲和热带美洲间断分布的有4科4属5种，都为种子植物。具体情况如下表2-8。

表2-8　长岛维管束植物热带亚洲和热带美洲间断分布种类

属	科	种
苦木属 Picrasma	苦木科 Simaroubaceae	苦木
藿香蓟属 Ageratum	菊科 Asteraceae	藿香蓟
紫丹属 Tournefortia	紫草科 Boraginaceae	砂引草
月见草属 Oenothera	柳叶菜科 Onagraceae	月见草，待宵草

（4）旧世界热带分布

旧世界热带指亚洲、非洲和大洋州热带地区及其邻近岛屿，也常称为古热带，以与美洲新大陆相区别。我国属于这一分布区类型及其变型的约有163属，限于热带分布的约90属，分布到亚热带的有约60属，延伸到温带的旧世界热带属比具有泛热带分布区类型的属显著减少，仅10余属，本分布类型的单型和少型属很贫乏，30余属，大多是海岸植物和单子叶草本。长岛保护区属于旧世界热带分布的有9科9属16种，全部为种子植物。具体情况如下表2-9。

表2-9　长岛维管束植物旧世界热带分布种类

属	科	种
合欢属 Albizia	豆科 Fabaceae	合欢，山槐
天门冬属 Asparagus	天门冬科 Asparagaceae	攀缘天门冬，兴安天门冬，长花天门冬，南玉带，龙须菜
细柄草属 Capillipedium	禾本科 Poaceae	细柄草
乌蔹莓属 Cayratia	葡萄科 Vitaceae	乌蔹莓
白饭树属 Flueggea	大戟科 Euphorbiaceae	一叶萩
扁担杆属 Grewia	椴树科 Tiliaceae	扁担杆
楝属 Melia	楝科 Meliaceae	楝
百蕊草属 Thesium	檀香科 Santalaceae	百蕊草
白前属 Vincetoxicum	夹竹桃科 Apocynaceae	白薇，徐长卿，变色白前

（5）热带亚洲至热带大洋洲分布

热带亚洲-大洋洲分布区是旧世界热带分布区的东翼，其西端有时可达马达加斯加，但一般不到非洲大陆。我国属于这一类型的植物约67科149属，其中大部分分布于热带地区，分布到亚热带的40余属，分布到温带的10余属，由此可见我国植物区系与热带大洋洲的联系，特别是一些显著起源于或分布中心在南半球的科属，在我国的南方有许多分布。长岛保护区属于热带亚洲至热带大洋洲分布的有5科5属7种，全部为种子植物，全是温带起源。具体植物情况如下表2-10。

表2-10　长岛维管束植物热带亚洲至热带大洋洲分布种类

属	科	种
臭椿属 Ailanthus	苦木科 Simaroubaceae	臭椿
柘属 Cudrania	桑科 Moraceae	柘
猫乳属 Rhamnella	鼠李科 Rhamnaceae	猫乳
栝楼属 Trichosanthes	葫芦科 Cucurbitaceae	栝楼
结缕草属 Zoysia	禾本科 Poaceae	结缕草，细叶结缕草，中华结缕草

（6）热带亚洲至热带非洲分布

这一分布区类型是旧世界热带分布区类型的西翼，即从热带非洲至印度–马来西亚，特别是其西部，有的属也分布到斐济等南太平洋岛屿，但不见于澳大利亚大陆。我国属于这一类型及其变型的植物有151属，其中典型的有58科141属，此分布在我国约有一半限于热带地区，分布到亚热带的约有60属，大多数到达南岭或长江以南地区，这一类型中还扩展到华北或至西北、东北温带地区的有10余属。长岛保护区属于热带亚洲至热带非洲分布的有6科11属12种，包括蕨类植物1科1属1种，种子植物6科11属12种。具体植物情况如下表2-11。

表2-11　长岛维管束植物热带亚洲至热带非洲分布种类

属	科	种
贯众属 Cyrtomium	鳞毛蕨科 Dryopteridaceae	全缘贯众
荩草属 Arthraxon	禾本科 Poaceae	荩草，矛叶荩草
香茅属 Cymbopogon	禾本科 Poaceae	橘草
芒属 Miscanthus	禾本科 Poaceae	荻
菅属 Themeda	禾本科 Poaceae	黄背草
草沙蚕属 Tripogon	禾本科 Poaceae	中华草沙蚕
芒属 Miscanthus	禾本科 Poaceae	芒
黄瓜属 Cucumis	葫芦科 Cucurbitaceae	甜瓜
大豆属 Glycine	豆科 Fabaceae	野大豆
杠柳属 Periploca	夹竹桃科 Apocynaceae	杠柳
蓖麻属 Ricinus	大戟科 Euphorbiaceae	蓖麻

（7）热带亚洲分布

热带亚洲分布是旧世界热带的中心分布，这一类型分布区的范围包括中南半岛和印度、斯里兰卡、印度尼西亚、加里曼丹、菲律宾及新几内亚等，东南可到斐济等南太平洋岛屿，但不到澳大利亚大陆，北缘可到达我国西南、华南及台湾地区，甚至更北地区。这一地区的生物气候条件未经巨大的动荡，处于相对稳定的湿热状态，地区内部的生境又复杂多样，有利于植物种的发生分化。本类型典型的属约有386个，归91科，这一分布类型的植物区系主要起源于古南大陆和古北大陆（劳亚大陆）的南部，因为这一地区显著集中了许多古老或原始科属的代表。长岛保护区属于热带亚洲分布的只有3科4属

4种，全部为种子植物，具体植物情况如下表2-12。

表2-12　长岛维管束植物热带亚洲分布种类

属	科	种
构属 Broussonetia	桑科 Moraceae	构
苦荬属 Ixeris	菊科 Asteraceae	中华苦荬菜
莴苣属 Lactuca	菊科 Asteraceae	翅果菊
葛属 Pueraria	豆科 Fabaceae	葛

（8）北温带分布

北温带分布区类型一般是指那些广泛分布于欧洲、亚洲和北美洲温带地区的属，由于历史和地理的原因，有些属沿山脉向南延伸到热带山区，甚至到南半球温带，但其原始类型或分布中心仍在北温带，这些属也包括在这一分布类型里。我国属于这一类型及其变型的植物共约296属，其中典型的北温带分布约有70科214属，主要归属温带和世界广布科及少数热带分布的科。本类型属的特点是含10～100种的中等属的比例较高，含100种以上的大型属的数目也占全国总数的一半，而单型属和少型属缺乏，这表明我国是许多温带属的主要分布区或中心，而总体来说，这些属是比较年轻的。我国本类型的另一特点是木本属比较丰富，几乎包括了北温带分布所有典型的含乔木和灌木的属，这是其他国家或地区不能比拟的。本保护区属于北温带分布的有41科103属215种，全部为种子植物，具体植物情况如下表2-13。

表2-13　长岛维管束植物北温带分布种类

属	科	种
龙芽草属 Agrimonia	蔷薇科 Rosaceae	龙牙草
葱属 Allium	石蒜科 Amaryllidaceae	黄花葱，薤白，长梗韭，碱韭，野韭，山韭，细叶韭，球序韭
看麦娘属 Alopecurus	禾本科 Poaceae	看麦娘
点地梅属 Androsace	报春花科 Primulaceae	点地梅
当归属 Angelica	伞形科 Apiaceae	白芷
茅香属 Hierochloe	禾本科 Poaceae	光稃茅香，茅香
耧斗菜属 Aquilegia	毛茛科 Ranunculaceae	华北耧斗菜
无心菜属 Arenaria	石竹科 Caryophyllaceae	无心菜
蒿属 Artemisia	菊科 Asteraceae	黄花蒿，艾，茵陈蒿，青蒿，牛尾蒿，南牡蒿，柳叶蒿，蒿，野艾蒿，蒙古蒿，魁蒿，猪毛蒿，白莲蒿，阴地蒿，毛莲蒿
野古草属 Arundinella	禾本科 Poaceae	野古草
紫菀属 Aster	菊科 Asteraceae	三脉紫菀，紫菀
联毛紫菀属 Symphyotrichum	菊科 Asteraceae	钻叶紫菀
雀麦属 Bromus	禾本科 Poaceae	雀麦，疏花雀麦
柴胡属 Bupleurum	伞形科 Apiaceae	红柴胡
荠属 Capsella	十字花科 Brassicaceae	荠
南芥属 Arabis	十字花科 Brassicaceae	垂果南芥
卷耳属 Cerastium	石竹科 Caryophyllaceae	簇生泉卷耳

（续）

属	科	种
紫荆属 *Cercis*	豆科 Fabaceae	紫荆
毒芹属 *Cicuta*	伞形科 Apiaceae	毒芹
蓟属 *Cirsium*	菊科 Asteraceae	刺儿菜，大刺儿菜，绿蓟，蓟，魁蓟，野蓟
虫实属 *Corispermum*	藜科 Chenopodiaceae	软毛虫实
紫堇属 *Corydalis*	罂粟科 Papaveraceae	地丁草，小药八旦子，全叶延胡索，延胡索
黄栌属 *Cotinus*	漆树科 Anacardiaceae	黄栌
枸子属 *Cotoneaster*	蔷薇科 Rosaceae	水枸子
山楂属 *Crataegus*	蔷薇科 Rosaceae	山楂
胡萝卜属 *Daucus*	伞形科 Apiaceae	野胡萝卜
翠雀属 *Delphinium*	毛茛科 Ranunculaceae	腺毛翠雀
播娘蒿属 *Descurainia*	十字花科 Brassicaceae	播娘蒿
野青茅属 *Deyeuxia*	禾本科 Poaceae	野青茅
葶苈属 *Draba*	十字花科 Brassicaceae	葶苈
稗属 *Echinochloa*	禾本科 Poaceae	长芒稗，光头稗稗，无芒稗
胡颓子属 *Elaeagnus*	胡颓子科 Elaeagnaceae	木半夏，牛奶子
披碱草属 *Elymus*	禾本科 Poaceae	披碱草
画眉草属 *Eragrostis*	禾本科 Poaceae	大画眉草，知风草，小画眉草，画眉草
羊茅属 *Festuca*	禾本科 Poaceae	远东羊茅，小颖羊茅
草莓属 *Fragaria*	蔷薇科 Rosaceae	草莓
裸芽鼠李属 *Frangula*	鼠李科 Rhamnaceae	长叶冻绿
梣属 *Fraxinus*	木樨科 Oleaceae	小叶梣，白蜡树
活血丹属 *Glechoma*	唇形科 Lamiaceae	活血丹
皂荚属 *Gleditsia*	豆科 Fabaceae	山皂荚，皂荚
大麦属 *Hordeum*	禾本科 Poaceae	芒颖大麦草
葎草属 *Humulus*	桑科 Moraceae	葎草
八宝属 *Hylotelephium*	景天科 Crassulaceae	八宝，钝叶瓦松，长药八宝
鸢尾属 *Iris*	鸢尾科 Iridaceae	野鸢尾，马蔺，鸢尾
胡桃属 *Juglans*	胡桃科 Juglandaceae	胡桃
刺柏属 *Juniperus*	柏科 Cupressaceae	圆柏
洽草属 *Koeleria*	禾本科 Poaceae	洽草
鹤虱属 *Lappula*	紫草科 Boraginaceae	鹤虱
山黧豆属 *Lathyrus*	豆科 Fabaceae	大山黧豆，日本山黧豆，山黧豆
赖草属 *Leymus*	禾本科 Poaceae	羊草，滨麦
百合属 *Lilium*	百合科 Liliaceae	卷丹，山丹
亚麻属 *Linum*	亚麻科 Linaceae	野亚麻，亚麻
紫草属 *Lithospermum*	紫草科 Boraginaceae	田紫草
忍冬属 *Lonicera*	忍冬科 Caprifoliaceae	忍冬
枸杞属 *Lycium*	茄科 Solanaceae	枸杞
地笋属 *Lycopus*	唇形科 Lamiaceae	地笋

(续)

属	科	种
锦葵属 Malva	锦葵科 Malvaceae	圆叶锦葵，冬葵
臭草属 Melica	禾本科 Poaceae	臭草
薄荷属 Mentha	唇形科 Lamiaceae	薄荷
桑属 Morus	桑科 Moraceae	桑，鸡桑，蒙桑
列当属 Orobanche	列当科 Orobanchaceae	列当
棘豆属 Oxytropis	豆科 Fabaceae	硬毛棘豆
景天属 Sedum	景天科 Crassulaceae	费菜，堪察加费菜，佛甲草，垂盆草，繁缕景天
梯牧草属 Phleum	禾本科 Poaceae	鬼蜡烛，梯牧草
云杉属 Picea	松科 Pinaceae	青杆
松属 Pinus	松科 Pinaceae	赤松，黑松
黄精属 Polygonatum	天门冬科 Asparagaceae	热河黄精，玉竹，黄精
杨属 Populus	杨柳科 Salicaceae	北京杨，加杨，响叶杨，山杨，钻天杨，小叶杨，毛白杨
委陵菜属 Potentilla	蔷薇科 Rosaceae	委陵菜，莓叶委陵菜，朝天委陵菜，菊叶委陵菜
樱属 Cerasus	蔷薇科 Rosaceae	麦李，毛樱桃
李属 Prunus	蔷薇科 Rosaceae	欧李，郁李
婆婆纳属 Veronica	车前科 Plantaginaceae	北水苦荬，阿拉伯婆婆纳，婆婆纳，水苦荬
兔尾苗属 Pseudolysimachion	车前科 Plantaginaceae	细叶水蔓菁
碱茅属 Puccinellia	禾本科 Poaceae	碱茅
白头翁属 Pulsatilla	毛茛科 Ranunculaceae	蒙古白头翁，白头翁
栎属 Quercus	壳斗科 Fagaceae	麻栎，槲栎，小叶栎槲，蒙古栎，栓皮栎
红景天属 Rhodiola	景天科 Crassulaceae	红景天
杜鹃属 Rhododendron	杜鹃花科 Ericaceae	照山白，迎红杜鹃
盐肤木属 Rhus	漆树科 Anacardiaceae	盐麸木，火炬树
蔷薇属 Rosa	蔷薇科 Rosaceae	野蔷薇
茜草属 Rubia	茜草科 Rubiaceae	茜草，林生茜草，山东茜草
漆姑草属 Sagina	石竹科 Caryophyllaceae	漆姑草
柳属 Salix	杨柳科 Salicaceae	垂柳，旱柳
接骨木属 Sambucus	荚蒾科 Viburnaceae	接骨木
地榆属 Sanguisorba	蔷薇科 Rosaceae	地榆
风毛菊属 Saussurea	菊科 Asteraceae	风毛菊，篦苞风毛菊，碱地风毛菊，乌苏里风毛菊
蝇子草属 Silene	石竹科 Caryophyllaceae	女娄菜，麦瓶草，坚硬女娄菜，山蚂蚱草，石生蝇子草
一枝黄花属 Solidago	菊科 Asteraceae	加拿大一枝黄花
苦苣菜属 Sonchus	菊科 Asteraceae	续断菊，长裂苦苣菜，苦苣菜，苣荬菜
花楸属 Sorbus	蔷薇科 Rosaceae	水榆花楸
绣线菊属 Spiraea	蔷薇科 Rosaceae	三裂绣线菊
绶草属 Spiranthes	兰科 Orchidaceae	绶草
獐牙菜属 Swertia	龙胆科 Gentianaceae	北方獐牙菜，瘤毛獐牙菜
蒲公英属 Taraxacum	菊科 Asteraceae	蒲公英，白缘蒲公英
狗舌草属 Tephroseris	菊科 Asteraceae	狗舌草

（续）

属	科	种
唐松草属 Thalictrum	毛茛科 Ranunculaceae	华东唐松草，东亚唐松草
菥蓂属 Thlaspi	十字花科 Brassicaceae	菥蓂
椴树属 Tilia	椴树科 Tiliaceae	辽椴
车轴草属 Trifolium	豆科 Fabaceae	白车轴草
碱菀属 Tripolium	菊科 Asteraceae	碱菀
榆属 Ulmus	榆科 Ulmaceae	杭州榆，春榆，大果榆，榔榆，榆树
野豌豆属 Vicia	豆科 Fabaceae	山野豌豆，大花野豌豆，广布野豌豆，救荒野豌豆，窄叶野豌豆，四籽野豌豆
葡萄属 Vitis	葡萄科 Vitaceae	山葡萄，蘡薁，桑叶葡萄
鳞毛蕨属 Dryopteris	鳞毛蕨科 Dryopteridaceae	半岛鳞毛蕨，中华鳞毛蕨
木贼属 Equisetum	木贼科 Equisetaceae	问荆，节节草

（9）东亚和北美洲间断分布

这是1859年以来就已确认的洲际间断分布的显著例子，之后为许多植物学家所强调。这一分布区类型就是指间断分布于东亚和北美洲温带及亚热带地区的许多属，其中有些属虽然在亚洲和北美洲分布到热带，个别属甚至出现于非洲南部、澳大利亚或中亚，但是它们的近代分布中心仍在东亚或北美洲，也包括在这一分布区类型里。我国属于这一类型及其变型的植物约61科117属，所归属的科大多是温带分布的科及一些世界和热带-亚热带分布的科，本类型没有显著占优势的科。本保护区属于东亚和北美洲间断分布的有12科18属35种。具体植物情况如下表2-14。

表2-14　长岛维管束植物东亚和北美洲间断分布种类

属	科	种
紫穗槐属 Amorpha	豆科 Fabaceae	紫穗槐
蛇葡萄属 Ampelopsis	葡萄科 Vitaceae	掌裂蛇葡萄，蛇葡萄，光叶蛇葡萄，葎叶蛇葡萄，白蔹
两型豆属 Amphicarpaea	豆科 Fabaceae	两型豆
罗布麻属 Apocynum	夹竹桃科 Apocynaceae	罗布麻
龙常草属 Diarrhena	禾本科 Poaceae	龙常草
山桃草属 Gaura	柳叶菜科 Onagraceae	小花山桃草
珊瑚菜属 Glehnia	伞形科 Apiaceae	珊瑚菜
向日葵属 Helianthus	菊科 Asteraceae	菊芋
大丁草属 Leibnitzia	菊科 Asteraceae	大丁草
胡枝子属 Lespedeza	豆科 Fabaceae	胡枝子，长叶胡枝子，截叶铁扫帚，兴安胡枝子，多花胡枝子，阴山胡枝子，尖叶铁扫帚，牛枝子，美丽胡枝子，绒毛胡枝，细梗胡枝子
鹅掌楸属 Liriodendron	木兰科 Magnoliaceae	鹅掌楸
通泉草属 Mazus	通泉草科 Mazaceae	通泉草，弹刀子菜
蝙蝠葛属 Menispermum	防己科 Menispermaceae	蝙蝠葛
乱子草属 Muhlenbergia	禾本科 Poaceae	乱子草，日本乱子草
地锦属 Parthenocissus	葡萄科 Vitaceae	五叶地锦，地锦

(续)

属	科	种
透骨草属 Phryma	透骨草科 Phrymaceae	透骨草
刺槐属 Robinia	豆科 Fabaceae	刺槐
丝兰属 Yucca	天门冬科 Asparagaceae	凤尾丝兰

（10）旧世界温带分布

这一分布区类型一般是指广泛分布于欧洲、亚洲中、高纬度的温带和寒温带，或最多有个别延伸到北非及亚洲-非洲热带山地或澳大利亚的属。我国属于这一类型及其变型的植物约157属，典型的有32科105属，其中，单型属较少。长岛保护区属于旧世界温带分布的有11科39属67种，全部为种子植物，包含了1种兰科植物的属。具体植物情况如下表2-15。

表2-15 长岛维管束植物旧世界温带分布种类

属	科	种
羽茅属 Achnatherum	禾本科 Poaceae	京芒草
沙参属 Adenophora	桔梗科 Campanulaceae	石沙参，荠苨
筋骨草属 Ajuga	唇形科 Lamiaceae	线叶筋骨草，多花筋骨草
牛蒡属 Arctium	菊科 Asteraceae	牛蒡
绵枣儿属 Scilla	天门冬科 Asparagaceae	绵枣儿
飞廉属 Carduus	菊科 Asteraceae	丝毛飞廉
天名精属 Carpesium	菊科 Asteraceae	烟管头草，暗花金挖耳
菊属 Chrysanthemum	菊科 Asteraceae	小红菊，野菊，甘菊
隐子草属 Cleistogenes	禾本科 Poaceae	朝阳隐子草，多叶隐子草
石竹属 Dianthus	石竹科 Caryophyllaceae	石竹
蓝刺头属 Echinops	菊科 Asteraceae	驴欺口，华东蓝刺头
香薷属 Elsholtzia	唇形科 Lamiaceae	香薷，海州香薷
披碱草属 Elymus	禾本科 Poaceae	纤毛鹅观草，日本纤毛草，鹅观草，缘毛鹅观草
雪柳属 Fontanesia	木樨科 Oleaceae	雪柳
连翘属 Forsythia	木樨科 Oleaceae	连翘，金钟花
萱草属 Hemerocallis	阿福花科 Asphodelaceae	黄花菜，小黄花菜
角盘兰属 Herminium	兰科 Orchidaceae	角盘兰
旋覆花属 Inula	菊科 Asteraceae	欧亚旋覆花，旋覆花，线叶旋覆花
麻花头属 Serratula	菊科 Asteraceae	麻花头
莴苣属 Lactuca	菊科 Asteraceae	野莴苣
乳苣属 Mulgedium	菊科 Asteraceae	乳苣
夏至草属 Lagopsis	唇形科 Lamiaceae	夏至草
稻槎菜属 Lapsana	菊科 Asteraceae	稻槎菜
益母草属 Leonurus	唇形科 Lamiaceae	益母草，錾菜
黑麦草属 Lolium	禾本科 Poaceae	黑麦草，欧黑麦草
苜蓿属 Medicago	豆科 Fabaceae	天蓝苜蓿，苜蓿

（续）

属	科	种
草木樨属 Melilotus	豆科 Fabaceae	白花草木樨，黄香草木樨，草木樨
荆芥属 Nepeta	唇形科 Lamiaceae	荆芥
毛连菜属 Picris	菊科 Asteraceae	毛连菜，日本毛连菜
桃属 Amygdalus	蔷薇科 Rosaceae	山桃
火棘属 Pyracantha	蔷薇科 Rosaceae	火棘
梨属 Pyrus	蔷薇科 Rosaceae	杜梨，白梨，豆梨，褐梨
漏芦属 Stemmacantha	菊科 Asteraceae	漏芦
蛇鸦葱属 Scorzonera	菊科 Asteraceae	华北鸦葱，桃叶鸦葱
鸦葱属 Takhtajaniantha	菊科 Asteraceae	鸦葱，蒙古鸦葱
鹅肠菜属 Myosoton	石竹科 Caryophyllaceae	鹅肠菜
丁香属 Syringa	木樨科 Oleaceae	小叶巧玲花，关东巧玲花
柽柳属 Tamarix	柽柳科 Tamaricaceae	柽柳
百里香属 Thymus	唇形科 Lamiaceae	百里香
婆罗门参属 Tragopogon	菊科 Asteraceae	婆罗门参

（11）温带亚洲分布

温带亚洲分布的分布区主要局限于亚洲温带地区，它们的分布区范围一般包括从南俄罗斯至东西伯利亚和亚洲东北部，南部边界至喜马拉雅山区，我国西南、华北至东北，朝鲜和日本北部，也有一些属种分布到亚热带，个别属到达亚洲热带，甚至到新几内亚。我国属于这一分布类型的植物不多，约有20科63属，以菊科、十字花科和伞形科居多。本保护区属于温带亚洲分布的有8科9属17种，全部为种子植物。具体植物情况如下表2-16。

表2-16　长岛维管束植物温带亚洲分布种类

属	科	种
紫菀属 Aster	菊科 Asteraceae	马兰，山马兰，全叶马兰
锦鸡儿属 Caragana	豆科 Fabaceae	毛掌叶锦鸡儿，小叶锦鸡儿，红花锦鸡儿，锦鸡儿
草瑞香属 Diarthron	瑞香科 Thymelaeaceae	草瑞香
米口袋属 Gueldenstaedtia	豆科 Fabaceae	米口袋
瓦松属 Orostachys	景天科 Crassulaceae	塔花瓦松，瓦松，晚红瓦松
杏属 Armeniaca	蔷薇科 Rosaceae	山杏
防风属 Saposhnikovia	伞形科 Apiaceae	防风
大油芒属 Spodiopogon	禾本科 Poaceae	大油芒
附地菜属 Trigonotis	紫草科 Boraginaceae	附地菜，钝萼附地菜

（12）地中海区、西亚至中亚分布

这一分布区类型是指分布于现代地中海周围，经过西亚或西南亚至中亚一带的属。这里的中亚指亚洲内陆整个干旱中心地区，包括南俄罗斯部分，我国新疆、青藏高原至内蒙古西部和蒙古南

部。这是一个很独特的温带–亚热带分布区类型，连同其变型我国计约有166属，其中典型的有33科148属。长岛保护区属于地中海区、西亚至中亚分布的只有有6科7属7种，全部为种子植物。具体情况如表2-17。

表2-17　长岛维管束植物地中海区、西亚至中亚分布种类

属	科	种
雾冰藜属 Bassia	藜科 Chenopodiaceae	地肤
亚麻荠属 Camelina	十字花科 Brassicaceae	小果亚麻荠
菊苣属 Cichorium	菊科 Asteraceae	菊苣
牻牛儿苗属 Erodium	牻牛儿苗科 Geraniaceae	牻牛儿苗
糖芥属 Erysimum	十字花科 Brassicaceae	小花糖芥
石头花属 Gypsophila	石竹科 Caryophyllaceae	长蕊石头花
黄连木属 Pistacia	漆树科 Anacardiaceae	黄连木

（13）中亚分布

中亚分布指只分布于中亚（特别是山地）而不见于西亚及地中海周围的属，即约位于古地中海的东半部。连同其变型我国共约112属，典型的有17科69属。

本保护区属于中亚分布的只有4科5属5种，全部为种子植物。具体情况如表2-18。

表2-18　长岛野生维管束植物中亚分布种类

属	科	种
大麻属 Cannabis	桑科 Moraceae	大麻
花旗杆属 Dontostemon	十字花科 Brassicaceae	花旗杆
沙苦荬属 Chorisis	菊科 Asteraceae	沙苦荬
诸葛菜属 Orychophragmus	十字花科 Brassicaceae	诸葛菜
紫筒草属 Stenosolenium	紫草科 Boraginaceae	紫筒草

（14）东亚分布

东亚分布指从东喜马拉雅一直分布到日本的一些属，其分布区向东北一般不超过俄罗斯的阿穆尔州，并从日本北部至萨哈林，向西南不超过越南北部和喜马拉雅东部，向南最远达菲律宾、苏门答腊和爪哇，向西北一般以我国各类森林边界为界。它们和温带亚洲的一些属有时难以区分，但本类型一般分布区较小，几乎都是森林区系成分，并且分布中心不超过喜马拉雅至日本的范围。这一区系类型由于它的特征科属丰富和多古老类型（尤其是温带、亚热带木本属）而久负盛名。我国属于此类型及其变型的植物共约93科298属，次于热带亚洲和泛热带分布区类型的属数而居全国第三位，本类型中典型的分布于全区的约有70属，包括第三纪古热带区系的后裔猕猴桃属，还包括五加属、野丁香属等。长岛保护区属于东亚分布的有19科26属35种，包括裸子植物、被子植物的单子叶植物和双子叶植物。具体情况如下表2-19。

表2-19 长岛维管束植物东亚分布种类

属	科	种
盒子草属 Actinostemma	葫芦科 Cucurbitaceae	盒子草
木通属 Akebia	木通科 Lardizabalaceae	木通
老鸦瓣属 Amana	百合科 Liliaceae	老鸦瓣
紫菀属 Aster	菊科 Asteraceae	阿尔泰狗娃花，狗娃花
射干属 Belamcanda	鸢尾科 Iridaceae	射干
斑种草属 Bothriospermum	紫草科 Boraginaceae	狭苞斑种草，多苞斑种草
田麻属 Corchoropsis	椴树科 Tiliaceae	光果田麻
假还阳参属 Crepidiastrum	菊科 Asteraceae	黄瓜菜，尖裂假还阳参
萝藦属 Metaplexis	萝藦科 Asclepiadaceae	萝藦
溲疏属 Deutzia	虎耳草科 Saxifragaceae	大花溲疏
梧桐属 Firmiana	梧桐科 Sterculiaceae	梧桐
刺榆属 Hemiptelea	榆科 Ulmaceae	刺榆
泥胡菜属 Hemistepta	菊科 Asteraceae	泥胡菜
栾树属 Koelreuteria	无患子科 Sapindaceae	栾
鸡眼草属 Kummerowia	豆科 Fabaceae	长萼鸡眼草，鸡眼草
山麦冬属 Liriope	天门冬科 Asparagaceae	禾叶山麦冬，山麦冬
沿阶草属 Ophiopogon	天门冬科 Asparagaceae	麦冬
泡桐属 Paulownia	泡桐科 Paulowniaceae	楸叶泡桐，白花泡桐，毛泡桐
紫苏属 Perilla	唇形科 Lamiaceae	紫苏
黄檗属 Phellodendron	芸香科 Rutaceae	黄檗
半夏属 Pinellia	天南星科 Araceae	滴水珠，半夏
侧柏属 Platycladus	柏科 Cupressaceae	侧柏
地黄属 Rehmannia	列当科 Orobanchaceae	地黄
阴行草属 Siphonostegia	列当科 Orobanchaceae	阴行草
吴茱萸属 Evodia	芸香科 Rutaceae	臭檀吴萸，棟叶吴萸
锦带花属 Weigela	忍冬科 Caprifoliaceae	锦带花

（15）中国特有分布

我国幅员广阔，高原、山地约占全国陆地面积的80%以上，自然条件复杂而历史悠久，并且在第四纪冰川时期没有直接受到北方大陆冰川的破坏袭击，因此特有植物很丰富，其中包含众多古老的残遗成分，据统计约有190多属，其中单型属和少型属占本类型的95%以上，这是前述各种分布区类型所不能比拟的。中国特有分布以云南或西南诸省为中心，向西北、东北或向东辐射并逐渐减少，而主要分布于秦岭-山东以南的亚热带和热带地区，个别可以突破国界到邻近各国如中南半岛诸国、朝鲜、俄罗斯远东、蒙古等，极个别还可以间断分布到菲律宾或斐济。总之，以中国整体的自然植物区为中心而分布界限不越出国境很远。长岛保护区属于中国特有分布的有6科6属6种，包括1科1属1种裸子植物，1科1属1种单子叶植物和4科4属4种双子叶植物。具体植物情况如表2-20。

表2-20　长岛维管束植物中国特有分布种类

属	科	种
知母属 Anemarrhena	天门冬科 Asparagaceae	知母
枳属 Poncirus	芸香科 Rutaceae	枳
银杏属 Ginkgo	银杏科 Ginkgoaceae	银杏
地构叶属 Speranskia	大戟科 Euphorbiaceae	地构叶
盾果草属 Thyrocarpus	紫草科 Boraginaceae	弯齿盾果草
文冠果属 Xanthoceras	无患子科 Sapindaceae	文冠果

通过以上分析可以看出，长岛地区植物区系成分复杂，各个类型均具备，反映出植物多样性的根源。长岛的种子植物区系在有保护区特色的基础上，与山东省的分布有很大的相似。长岛地区种子植物分布区类型占有全国全部15个分布区类型，保护区的北温带成分和泛热带分布成分较山东省比重稍大。该区以温带成分为首，其总属数占到了41%，反映了该区目前所处的地理位置和气候类型；其次为热带成分，约占总属数的36.5%。这表明山东植物区系主要是温带性质，并具有一定的亚热带—热带区系的过渡性，这主要与该省所处的地理位置和区系的演变、来源有关。根据地理位置，长岛地区属于山东植物区系中的鲁东丘陵植物小区，此小区因为水热条件较优越，从而植物种类丰富。由于接近辽东半岛，而且在地质时期曾与其相连接，所以植被组成上有较多的东北区系成分，如蒙古栎、赤松。因具海洋性气候，湿度大，冬季不严寒，南方成分甚多，针叶树种有黑松、赤松、侧柏等，阔叶树种主要为落叶栎类，尤其以麻栎最为常见，此外有栓皮栎、槲栎、短柄栎、黄连木、枫杨等。近百年来，由于刺槐的引入和迅速繁殖，其已成为局部地区最占优势的阔叶树。

第 3 章　植物识别特征

植物的识别主要是借助植物的各种营养和生殖器官进行鉴定，如植物的根、茎、叶、花、果实、种子等。不同物种、不同属、不同科之间在这些特征上都具有或多或少的差异，也具有一定的相似性。将各种植物的特征进行总结归类，可以用于植物识别的特征即为植物的识别特征。

3.1 叶的识别特征

叶片在植物的整个生长周期中几乎是存在时间最长的器官，是大多数情况下最为明显的识别特征。借助植物叶片的识别方法主要是依靠叶片的形状特征和结构特征等，包括叶形、叶缘、叶的分裂方式和着生方式等内容。

3.1.1 叶形

叶形为叶片的形状，不同植物叶的大小不同，形态各异。同种植物的叶形比较固定，可以作为植物识别和分类的依据。

叶形主要根据长宽的比例和最宽处的位置而决定。

常见的形状有鳞形、条形、刺形、针形、披针形、卵形、长圆形、心形、肾形、椭圆形、三角形、圆形、扇形、剑形等。

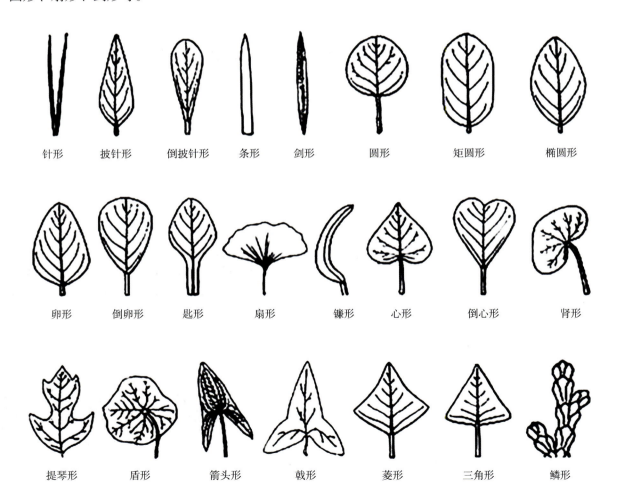

3.1.2 叶缘

叶缘,即叶片的边缘,常见的类型有全缘、锯齿、重锯齿、钝齿、牙齿、波状、缺刻、浅裂、深裂、全裂等。叶缘的形状大体上随植物而异,但是在不同的种即使同一个体也可看到有很大的变化,单靠叶缘并不足以作为植物识别和分类的依据,需要结合其他的识别分类特征进行分辨。

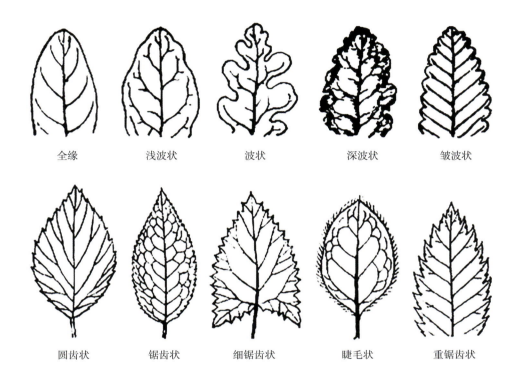

3.1.3 叶裂

叶裂,是指叶片边缘的缺刻深且大从而形成叶片的分裂。缺刻之间的叶片称为裂片。依据缺刻的深浅,可将叶裂分为浅裂、深裂和全裂3种类型。浅裂的叶片,缺刻最深不超过叶片的1/2;深裂的叶片,缺刻超过叶片的1/2但未达中脉或叶的基部;全裂的叶片,缺刻则深达中脉或叶的基部,是单叶与复叶的过渡类型,有时与复叶并无明显界限。

而依据裂片的排列形式,可分为两大类。在中脉两侧对称呈羽毛状排列的称为羽状裂,而裂片围绕叶基部辐射对称呈手掌状排列的称为掌状裂。同时,根据裂片的数目不同,可分为3裂、5裂、7裂等。

一般对叶裂的描述,综合了前述两种叶裂方法,如羽状浅裂、羽状深裂、掌状深裂等。

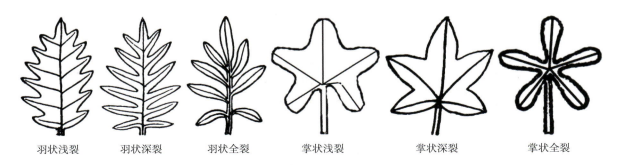

3.1.4 单叶和复叶

单叶为一个叶柄上只生有一个叶片，在叶柄的基部有腋芽，每片单叶自成一个平面，且脱落时叶柄和叶片同时脱落。复叶为在一个叶柄上生有两个或以上的明显小叶片，各小叶通常都有小叶柄但小叶柄基部无腋芽，许多小叶在总叶柄或叶轴上排成一个平面，脱落时小叶先落而总叶柄和叶轴最后脱落。常见的复叶根据小叶在叶轴上排列方式和数目的不同，可分为掌状复叶、三出复叶、羽状复叶。若干小叶集生在共同的叶柄末端，排列成掌状，称为掌状复叶；三枚小叶集生于共同的叶柄末端，称为三出复叶；小叶排列在叶柄延长所成的叶轴的两侧，呈羽状，称为羽状复叶。羽状复叶中，小叶总数为双数的，称为偶数羽状复叶；小叶总数为单数的，称为奇数羽状复叶；叶轴不再分枝的为一回羽状复叶；分枝仅一次的为二回羽状复叶；分枝二次的为三回羽状复叶

3.1.5 叶的着生方式

叶完全呈不规则排列的植物几乎是没有的，一般可以看到明显受某些规律所制约的一定周期性排列。叶在茎枝上排列的次序称为叶序，植物体通过一定的叶序，使叶均匀地、适合地排列，充分地接受阳光，有利于光合作用的进行。大部分情况下叶序是较为稳定的，不易变化。

根据着生在节处的叶片数，叶序可分为轮生、对生、互生；若叶片在短枝上成簇生长，则为簇生或丛生；植株无明显的节间和茎，多枚叶片密集着生于茎基部或近地表的短茎上称为基生。

3.2 茎的识别特征

茎是根和叶之间起输导和支持作用的植物体重要的营养器官。茎尖与根尖类似，具有无限生长的能力：茎尖不断生长，陆续产生叶和侧枝，除少数地下茎外，共同构成了植物体地上部分庞大的枝系。茎的发达程度与植物的生活周期密切相关，如多年生木本植物较一年生草本植物具有更为发达的茎。茎与根同属营养器官，具有基本类似的一般结构，但是适应于输导和支持两大主要功能，茎又表现出与根不同的许多特殊结构和形态特征。

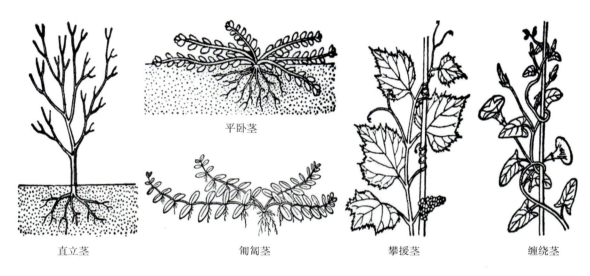

3.3 根的识别特征

植物根的总合称为根系，根系有直根系和须根系之分：植物的根系由一明显的主根和各级侧根组成称为直根系；植物的根系由许多粗细相近的不定根组成、不能明显地区分出主根称为须根系。

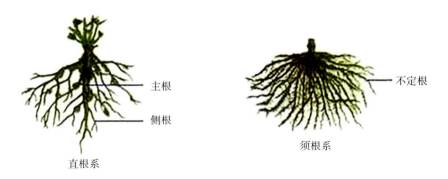

3.4 花的识别特征

花是被子植物（被子植物门植物，又称有花植物或开花植物）的繁殖器官，其生物学功能是结合雄性精细胞与雌性卵细胞以产生种子。这一进程始于传粉，然后是受精，从而形成种子并加以传播。对于高等植物而言，种子便是其下一代，而且是各物种在自然分布的主要手段。同一植物上着生的花的组合称为花序。而裸子植物的"花"构造较简单，通常无明显的花被，单性，称为"雄球花"和"雌球花"。被子植物的花构造复杂多样，因此一般所说的花就是指被子植物的花。

蔷薇型花冠　　　十字形花冠　　　漏斗状花冠　　　钟状花冠

蝶形花冠　　　唇形花冠　　　管状花冠　　　舌状花冠

3.5　果实的识别特征

果实也是植物的繁殖器官之一，由花的子房发育而来，也是植物识别的一个较为明显的特征。果实根据形态结构可分为单果、聚合果和聚花果三类。

单果：是由一朵花中的单雌蕊或复雌蕊子房所形成的果实。

聚合果：是由一朵花中离心皮雌蕊发育而成的果实。

聚花果：是由整个花序发育形成的果实，又称复果。

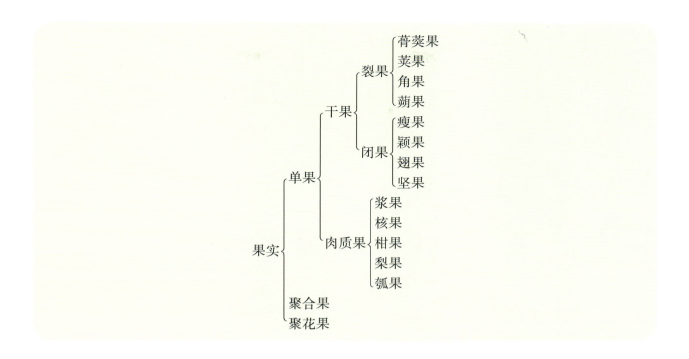

3.6 种子的识别特征

种子是种子植物特有的器官,也属于繁殖器官,由花的胚珠发育而来。种子的形状、大小、色泽、表面纹理等随植物种类不同而异。种子常呈圆形、椭圆形、肾形、卵形、圆锥形、多角形等。在一些情况下,种子的这些特征也是识别和鉴定植物物种的重要依据。

第4章 资源植物

资源植物是指具有一定用途、尚未成为商品的植物，主要包括药用、食用、材用、芳香油、油料、鞣料、淀粉、纤维及具有其他用途的植物。森林中的植物资源不仅与人类现实生活有密切关系，而且在人类生产和生活的历史进程中起十分重要的作用。当资源植物一旦成为商品，即变为经济植物。经济植物的种类、数量及开发利用程度，直接影响着地方居民的收入，从而影响着整个区域经济的发展，而对经济植物的开发利用又严重依赖于区内经济植物资源的分布状况，因此，资源植物的种类、数量和分布状况是制约区域经济植物开发利用程度，从而制约地方经济发展的重要因素。在长岛众多的植物资源中，有许多资源植物。

评价一个地区资源植物的开发利用状况及和前景，首先必须对其进行分类。目前，国内外主要是根据资源植物的不同用途进行分类。根据该分类方法，将长岛现有的野生维管束植物中的资源植物主要分为8类，并简要介绍了8类中较为重要的资源植物特征。

药用资源植物	毛茛科 Ranunculaceae
白头翁 *Pulsatilla chinensis*	白头翁属 *Pulsatilla*

植株高15～35厘米。根状茎。基生叶4～5，通常在开花时刚刚生出，有长柄；叶片宽卵形，3全裂，中全裂片有柄或近无柄，宽卵形，3深裂，中深裂片楔状倒卵形，全缘或有齿，侧深裂片不等2浅裂，侧全裂片无柄或近无柄，不等3深裂，表面变无毛，背面有长柔毛；叶柄有密长柔毛。花葶1至2个，有柔毛；苞片3，基部合生成筒，3深裂，背面密被长柔毛；花梗结果时长达23厘米；花直立；萼片蓝紫色，长圆状卵形，背面有密柔毛；雄蕊长约为萼片之半。聚合果直径9～12厘米；瘦果纺锤形，扁，有长柔毛；宿存花柱长3.5～6.5厘米，有向上斜展的长柔毛。花期4～5月。

根状茎药用，治热毒血痢、温疟、鼻衄、痔疮出血等症（《中药志》）。根状茎水浸液可作土农药，能防治地老虎、蚜虫、蝇蛆、孑孓，以及小麦锈病、马铃薯晚疫病等病虫害（《中国土农药志》）。

药用资源植物	唇形科 Lamiaceae
薄荷 Mentha canadensis	薄荷属 Mentha

多年生草本。茎直立，下部数节具纤细的须根及水平匍匐根状茎，锐四棱形，具4槽，有微柔毛，多分枝。叶片长圆状披针形、披针形、椭圆形或卵状披针形，稀长圆形，先端锐尖，基部楔形至近圆形，边缘在基部以上疏生粗大的牙齿状锯齿；通常沿脉上密生微柔毛。轮伞花序腋生，轮廓球形，花梗纤细，被微柔毛或近于无毛；花萼管状钟形；花冠淡紫色。花期7～9月，果期10月。

幼嫩茎尖可作菜食，全草又可入药，治感冒发热喉痛、头痛、目赤痛、皮肤风疹瘙痒、麻疹不透等症，此外对痈、疖、疥、癣、漆疮亦有效。新鲜茎叶可用于提取薄荷脑（含量77%～87%），薄荷脑用于牙膏、牙粉以及用于皮肤黏膜局部镇痛剂的医药制品（如仁丹、清凉油、一心油），提取薄荷脑后的油叫薄荷素油，也大量用于牙膏、牙粉、漱口剂、喷雾香精及医药制品等。

药用资源植物
穿龙薯蓣 Dioscorea nipponica

薯蓣科 Dioscoreaceae

薯蓣属 Dioscorea

缠绕草质藤本。根状茎横生,圆柱形,多分枝,栓皮层显著剥离;茎左旋,近无毛,长达5米。单叶互生,叶柄长10~20厘米;叶片掌状心形,变化较大,茎基部叶长10~15厘米,宽9~13厘米,边缘作不等大的三角状浅裂、中裂或深裂,顶端叶片小,近于全缘,叶表面黄绿色,有光泽,无毛或有稀疏的白色细柔毛,尤以脉上较密。花雌雄异株;雄花序为腋生的穗状花序,花序基部常由2~4朵集成小伞状,至花序顶端常为单花。蒴果成熟后枯黄色,三棱形,顶端凹入,基部近圆形,每棱翅状。花期6~8月,果期8~10月。

根状茎含薯蓣皂苷元,是合成甾体激素药物的重要原料,常用来治腰腿疼痛、筋骨麻木、跌打损伤、咳嗽喘息。

药用资源植物
防风 Saposhnikovia divaricata

伞形科 Apiaceae

防风属 Saposhnikovia

多年生草本，高30～80厘米。根粗壮，细长圆柱形，分歧，淡黄棕色；根头处被有纤维状叶残基及明显的环纹。茎单生，自基部分枝较多，斜上升，与主茎近于等长，有细棱，基生叶丛生，有扁长的叶柄，基部有宽叶鞘。叶片卵形或长圆形，长14～35厘米，宽6～8（～18）厘米，二回或近于三回羽状分裂，第一回裂片卵形或长圆形，有柄，长5～8厘米，第二回裂片下部具短柄，末回裂片狭楔形。小伞形花序有花4～10朵；无总苞片；小总苞片4～6枚，线形或披针形，先端长，长约3毫米，萼齿短三角形；花瓣倒卵形，白色，长约1.5毫米，无毛，先端微凹，具内折小舌片。双悬果狭圆形或椭圆形。花期8～9月，果期9～10月。

根供药用，为东北地区著名药材之一，有发汗、祛痰、祛风、发表、镇痛的功效，用于治感冒、头痛、周身关节痛、神经痛等症。

药用资源植物

葛 *Pueraria montana* var. *lobata*

豆科 Fabaceae
葛属 *Pueraria*

粗壮藤本，长可达8米，全体被黄色长硬毛。茎基部木质，有粗厚的块状根。羽状复叶具3小叶；托叶背着，卵状长圆形，具线条；小托叶线状披针形，与小叶柄等长或较长；小叶3裂，偶尔全缘，顶生小叶宽卵形或斜卵形，侧生小叶斜卵形，稍小，上面被淡黄色、平伏的疏柔毛；小叶柄被黄褐色绒毛。总状花序长15～30厘米，中部以上有颇密集的花。荚果长椭圆形，长5～9厘米，宽8～11毫米，扁平，被褐色长硬毛。花期9～10月，果期11～12月。

葛根供药用，有解表退热、生津止渴、止泻的功能，并能改善高血压病人的项强、头晕、头痛、耳鸣等症状，有效成分为黄豆甙元（daidzein）、黄豆甙（daidzin）及葛根素（puerarin）等。茎皮纤维供织布和造纸用。葛粉用于解酒。葛也是一种良好的水土保持植物。

药用资源植物
何首乌 *Pleuropterus multiflorus*

蓼科 Polygonaceae
何首乌属 *Pleuropterus*

多年生缠绕草本。根细长，末端成肥大的块根，外表红褐色至暗褐色。茎基部略呈木质，中空。叶互生，具长柄，叶片狭卵形或心形，长先端渐尖，基部心形或箭形，全缘或微带波状，上面深绿色，下面浅绿色，两面均光滑无毛。花小，直径约2毫米，多数，密聚成大形圆锥花序，小花梗具节，基部具膜质苞片；花被绿白色，花瓣状，5裂，裂片倒卵形，大小不等，外面3片的背部有翅。雄瘦果椭圆形，有3棱，黑色光亮，外包宿存花被，花被成明显的3翅，成熟时褐色。花期10月。

何首乌的干燥块根治肝肾阴亏、发须早白、血虚头晕、腰膝软弱、筋骨酸痛、遗精、崩带、久疟、久痢、慢性肝炎、痈肿、瘰疬、肠风、痔疾。制首乌补肝肾，益精血，乌须发，壮筋骨，用于治疗眩晕耳鸣、须发早白、腰膝酸软、肢体麻木、神经衰弱、高血脂症。

药用资源植物	天门冬科 Asparagaceae
黄精 *Polygonatum sibiricum*	黄精属 *Polygonatum*

根状茎圆柱状，由于结节膨大，因此"节间"一头粗、一头细，在粗的一头有短分枝（《中药志》称这种根状茎类型所制成的药材为鸡头黄精），直径1～2厘米；茎高50～90厘米，或可达1米以上，有时呈攀援状。叶轮生，每轮4～6枚，条状披针形，长8～15厘米，宽（4～）6～16毫米，先端拳卷或弯曲成钩。花序通常具2～4朵花，似成伞形状，总花梗长1～2厘米，花梗长（2.5～）4～10毫米，俯垂；苞片位于花梗基部，膜质，钻形或条状披针形，长3～5毫米，具1脉；花被乳白色至淡黄色，全长9～12毫米，花被筒中部稍缢缩，裂片长约4毫米；花丝长0.5～1毫米，花药长2～3毫米；子房长约3毫米，花柱长5～7毫米。浆果直径7～10毫米，黑色，具4～7颗种子。花期5～6月，果期8～9月。

根状茎为常用中药"黄精"。

药用资源植物

黄芩 *Scutellaria baicalensis*

唇形科 Lamiaceae

黄芩属 *Scutellaria*

多年生草本。根茎肥厚，肉质，径达2厘米，伸长而分枝；基部径2.5～3毫米，钝四棱形。叶坚纸质，披针形至线状披针形。小坚果卵球形，黑褐色，具瘤。花期7～8月，果期8～9月。

根茎为清凉性解热消炎药，对上呼吸道感染、急性胃肠炎等均有功效，少量服用有苦补健胃的作用。据国外近年来研究，黄芩制剂、黄芩酊可治疗植物性神经的动脉硬化性高血压，以及神经系统的机能障碍，可消除高血压导致的头痛、失眠、心部苦闷等症，外用有抗生作用，如对白喉杆菌、伤寒菌、霍乱、溶血链球菌A型、葡萄球菌均有不同程度的抑止效用（见《东北药用植物志》）。又据载，根对防治棉铃虫、梨象鼻虫、天幕毛虫、苹果巢虫均有效（见《中国农药志》）。此外，茎秆可提制芳香油，也可代茶用而称为芩茶。

药用资源植物	豆科 Fabaceae
苦参 *Sophora flavescens*	苦参属 *Sophora*

草本或亚灌木，稀呈灌木状，通常高1米左右，稀达2米。茎具纹棱，幼时疏被柔毛，后无毛。羽状复叶长达25厘米；托叶披针状线形，渐尖，长6~8毫米；小叶6~12对，互生或近对生，纸质，形状多变，椭圆形、卵形、披针形至披针状线形。总状花序顶生，长15~25厘米；花多数，疏或稍密；花梗纤细，长约7毫米；苞片线形，长约2.5毫米；花萼钟状，明显歪斜。荚果长5~10厘米，种子间稍缢缩，呈不明显串珠状，稍四棱形，疏被短柔毛或近无毛，成熟后开裂成4瓣，有种子1~5颗；种子长卵形，稍压扁，深红褐色或紫褐色。花期6~8月，果期7~10月。

根含苦参碱（matrine）和金雀花碱（cytisine）等，入药有清热利湿、抗菌消炎、健胃驱虫之效，常用作治疗皮肤瘙痒、神经衰弱、消化不良及便秘等症。种子可作农药。茎皮纤维可织麻袋等。

药用资源植物

连翘 *Forsythia suspensa*

木樨科 Oleaceae

连翘属 *Forsythia*

落叶灌木。枝开展或下垂，棕色、棕褐色或淡黄褐色，小枝土黄色或灰褐色，略呈四棱形，疏生皮孔，节间中空，节部具实心髓。叶通常为单叶或3裂至三出复叶，叶片卵形、宽卵形或椭圆状卵形至椭圆形，长2～10厘米，宽1.5～5厘米，先端锐尖，基部圆形、宽楔形至楔形，叶缘除基部外具锐锯齿或粗锯齿，上面深绿色，下面淡黄绿色，两面无毛；叶柄长0.8～1.5厘米，无毛。花通常单生或2至数朵着生于叶腋，先于叶开放；花梗长5～6毫米；花萼绿色；花冠黄色，裂片倒卵状长圆形或长圆形。果卵球形、卵状椭圆形或长椭圆形，长1.2～2.5厘米，宽0.6～1.2厘米，先端喙状渐尖，表面疏生皮孔；果梗长0.7～1.5厘米。花期3～4月，果期7～9月。

本种除果实入药，具清热解毒、消结排脓之效外，药用其叶，对治疗高血压、痢疾、咽喉痛等效果较好。

药用资源植物	苋科 Amaranthaceae
牛膝 Achyranthes bidentata	牛膝属 Achyranthes

多年生草本，高70～120厘米。根圆柱形，直径5～10毫米，土黄色。茎有棱角或四方形，绿色或带紫色，有白色贴生或开展柔毛，或近无毛，分枝对生。叶片椭圆形或椭圆披针形，少数倒披针形。穗状花序顶生及腋生，长3～5厘米，花期后反折；总花梗长1～2厘米，有白色柔毛；花多数，密生，长5毫米；苞片宽卵形，长2～3毫米，顶端长渐尖；小花被片披针形，长3～5毫米，光亮，顶端急尖，有1中脉。胞果矩圆形，长2～2.5毫米，黄褐色，光滑；种子矩圆形，长1毫米，黄褐色。花期7～9月，果期9～10月。

根入药，生用，活血通经，治产后腹痛、月经不调、闭经、鼻衄、虚火牙痛、脚气水肿；熟用，补肝肾，强腰膝，治腰膝酸痛、肝肾亏虚、跌打瘀痛。兽医用来治牛软脚症、跌伤断骨等。

药用资源植物

蒲公英 *Taraxacum mongolicum*

菊科 Asteraceae

蒲公英属 *Taraxacum*

多年生草本。根圆柱状，黑褐色，粗壮。叶倒卵状披针形、倒披针形或长圆状披针形，长4~20厘米，宽1~5厘米，先端钝或急尖，边缘有时具波状齿或羽状深裂，有时倒向羽状深裂或大头羽状深裂，顶端裂片较大，三角形或三角状戟形，全缘或具齿，每侧裂片3~5片，裂片三角形或三角状披针形，通常具齿，平展或倒向，裂片间常夹生小齿，基部渐狭成叶柄，叶柄及主脉常带红紫色，疏被蛛丝状白色柔毛或几无毛。花葶1至数个，与叶等长或稍长，高10~25厘米，上部紫红色，密被蛛丝状白色长柔毛；头状花序直径30~40毫米；总苞钟状。花期4~9月，果期5~10月。

全草供药用，有清热解毒、消肿散结的功效。

药用资源植物	鸢尾科 Iridaceae
射干 *Belamcanda chinensis*	射干属 *Belamcanda*

  多年生草本。根状茎为不规则的块状，斜伸，黄色或黄褐色；茎实心。叶互生，嵌迭状排列，剑形，基部鞘状抱茎，顶端渐尖，无中脉。花序顶生，叉状分枝，每分枝的顶端聚生有数朵花；花梗细；花橙红色，散生紫褐色的斑点；花被裂片6枚，2轮排列，外轮花被裂片倒卵形或长椭圆形，顶端钝圆或微凹，基部楔形，内轮较外轮花被裂片略短而狭；雄蕊3枚，花药条形，外向开裂，花丝近圆柱形，基部稍扁而宽。蒴果倒卵形或长椭圆形，顶端无喙，常残存有凋萎的花被，成熟时室背开裂，果瓣外翻，中央有直立的果轴；种子圆球形，黑紫色，有光泽，着生在果轴上。花期6~8月，果期7~9月。

  根状茎药用，味苦、性寒、微毒，能清热解毒、散结消炎、消肿止痛、止咳化痰，用于治疗扁桃腺炎及腰痛等症。

药用资源植物
卫矛 *Euonymus alatus*

卫矛科 Celastraceae
卫矛属 *Euonymus*

灌木，高1~3米。小枝常具2~4列宽阔木栓翅。冬芽圆形，长2毫米左右，芽鳞边缘具不整齐细坚齿。叶卵状椭圆形、窄长椭圆形，偶为倒卵形，长2~8厘米，宽1~3厘米，边缘具细锯齿，两面光滑无毛；叶柄长1~3毫米。聚伞花序1~3花；花序梗长约1厘米，小花梗长5毫米；花白绿色，直径约8毫米，4数；萼片半圆形；花瓣近圆形；雄蕊着生花盘边缘处，花丝极短，开花后稍增长，花药宽阔长方形，2室顶裂。蒴果1~4深裂，裂瓣椭圆状，长7~8毫米；种子椭圆状或阔椭圆状，长5~6毫米，种皮褐色或浅棕色，假种皮橙红色，全包种子。花期5~6月，果期7~10月。

带栓翅的枝条入中药，叫鬼箭羽。

药用资源植物	夹竹桃科 Apocynaceae
徐长卿 *Vincetoxicum pycnostelma*	白前属 *Vincetoxicum*

多年生直立草本。根细呈须状，多至50余条，形如马尾，具特殊香气。茎细而刚直，不分枝，无毛或被微毛。叶对生，无柄；叶片披针形至线形，先端渐尖，基部渐窄，两面无毛或上面具疏柔毛，叶缘稍反卷，有睫毛，上面深绿色，下面淡绿色；主脉突起。圆锥聚伞花序，生近顶端叶腋，有花10余朵；花萼5深裂，卵状披针形；花冠黄绿色，5深裂，广卵形，平展或向外反卷；副花冠5，黄色，肉质，肾形，基部与雄蕊合生；雄蕊5，相连筒状，雌蕊1，子房上位，由2枚离生心皮组成、花柱2，柱头五角形，先端略为突起。蓇葖果呈角状表面淡褐色；种子多数，卵形而扁，暗褐色，先端有一簇白色细长毛。花期5~7月，果期9~12月。

入药主治胃痛、牙痛、风湿疼痛、经期腹痛、慢性气管炎、腹水、水肿、痢疾、肠炎、跌打损伤、湿疹、荨麻疹、毒蛇咬伤。

玉竹 *Polygonatum odoratum*

天门冬科 Asparagaceae
黄精属 *Polygonatum*

根状茎圆柱形，直径5～14毫米。茎高20～50厘米，具7～12叶。叶互生，椭圆形至卵状矩圆形，长5～12厘米，宽3～16厘米，先端尖，下面带灰白色，下面脉上平滑至呈乳头状粗糙。花序具1～4朵花（在栽培情况下，可多至8朵），总花梗（单花时为花梗）长1～1.5厘米，无苞片或有条状披针形苞片；花被黄绿色至白色，全长13～20毫米，花被筒较直，裂片长3～4毫米；花丝丝状，近平滑至具乳头状突起，花药长约4毫米；子房长3～4毫米，花柱长10～14毫米。浆果蓝黑色，直径7～10毫米，具7～9颗种子。花期5～6月，果期7～9月。

根状茎药用，系中药"玉竹"。玉竹的干燥根茎治热病阴伤、咳嗽烦渴、虚劳发热、消谷易饥、小便频数。

药用资源植物	豆科 Fabaceae
紫荆 *Cercis chinensis*	紫荆属 *Cercis*

丛生或单生灌木，高2～5米。树皮和小枝灰白色。叶纸质，近圆形或三角状圆形，先端急尖，基部浅至深心形，两面通常无毛，嫩叶绿色，仅叶柄略带紫色，叶缘膜质透明，新鲜时明显可见。花紫红色或粉红色，2～10余朵成束，簇生于老枝和主干上，尤以主干上花束较多，越到上部幼嫩枝条则花越少，通常先于叶开放，但嫩枝或幼株上的花则与叶同时开放。荚果扁狭长形，绿色，长4～8厘米，宽1～1.2厘米，翅宽约1.5毫米，先端急尖或短渐尖，喙细而弯曲，基部长渐尖，两侧缝线对称或近对称；种子黑褐色，光亮。花期3～4月，果期8～10月。

本种是一美丽的木本花卉植物。树皮可入药，有清热解毒、活血行气、消肿止痛的功效，可治产后血气痛、疔疮肿毒、喉痹；花可治风湿筋骨痛。

药用资源植物
远志 *Polygala tenuifolia*

远志科 Polygalaceae

远志属 *Polygala*

多年生草本。主根粗壮，韧皮部肉质，浅黄色。茎多数丛生，直立或倾斜，具纵棱槽，被短柔毛。单叶互生，叶片纸质，线形至线状披针形，先端渐尖，基部楔形，全缘，反卷，无毛或极疏被微柔毛，主脉上面凹陷，背面隆起，侧脉不明显，近无柄。总状花序呈扁侧状生于小枝顶端，细弱，通常略俯垂，少花，稀疏；苞片3枚，披针形，长约1毫米，先端渐尖，早落；萼片5枚，宿存，无毛，外面3枚线状披针形。蒴果圆形，径约4毫米，顶端微凹，具狭翅，无缘毛；种子卵形，黑色，密被白色柔毛。花果期5～9月。

本种根皮入药，含酸性皂甙-远志皂甙、水解性远志皂甙元A、远志皂甙元B及糖，此外，尚含结晶性远志素、脂肪油、树脂等，有益智安神、散郁化痰的功能，主治神经衰弱、心悸、健忘、失眠、梦遗、咳嗽多痰、支气管炎、腹泻、膀胱炎、痈疽疮肿。

药用资源植物
地黄 *Rehmannia glutinosa*

列当科 Orobanchaceae

地黄属 *Rehmannia*

体高10～30厘米，密被灰白色多细胞长柔毛和腺毛。根茎肉质，鲜时黄色；茎紫红色。叶通常在茎基部集成莲座状，向上则强烈缩小成苞片，或逐渐缩小而在茎上互生；叶片卵形至长椭圆形，上面绿色，下面略带紫色或成紫红色，边缘具不规则圆齿或钝锯齿以至牙齿；基部渐狭成柄，叶脉在上面凹陷，下面隆起。花具梗，梗细弱，在茎顶部略排列成总状花序，或几乎全部单生叶腋而分散在茎上；萼密被多细胞长柔毛和白色长毛，具10条隆起的脉；萼齿5枚，花冠长3～4.5厘米；花冠筒多少弓曲，外面紫红色，被多细胞长柔毛；花冠裂片，5枚，先端钝或微凹，内面黄紫色，外面紫红色，两面均被多细胞长柔毛。蒴果卵形至长卵形。花果期4～7月。

地黄的块根可用于治疗热病烦渴、内热消渴、骨蒸劳热、温病发斑、血热所致的吐血、崩漏、尿血、便血、血虚萎黄、眩晕心悸、血少经闭。

药用资源植物
石沙参 Adenophora polyantha

桔梗科 Campanulaceae
沙参属 Adenophora

本种最大特点是叶具疏离的三角状尖锐据齿或刺状齿；茎常被短毛；花萼大多数被毛，筒部倒圆锥状，裂片狭三角状披针形；花盘也较近缘种长。花序常不分枝而成假总状花序，或有短的分枝而组成狭圆锥花序；花梗短，长一般不超过1厘米；花萼通常各式被毛，有的整个花萼被毛，有的仅筒部被毛，毛有密有疏，有的为短毛，有的为乳头状突起，极少完全无毛的，筒部倒圆锥状，裂片狭三角状披针形，长3.5～6毫米，宽1.5～2毫米；花冠紫色或深蓝色，钟状，花柱常稍稍伸出花冠，有时在花大时与花冠近等长。蒴果卵状椭圆形，长约8毫米，直径约5毫米；种子黄棕色，卵状椭圆形，稍扁，有1条带翅的棱，长1.2毫米。花期8～10月。

多生于山野的阳坡草丛中。以根入药，性凉，味甘、微苦，归肺、胃经，具有清肺化痰、养阴润燥、益胃生津等功效。

食用资源植物
长梗韭 *Allium neriniflorum*

石蒜科 Amaryllidaceae
葱属 *Allium*

植株无葱蒜气味。鳞茎单生，卵球状至近球状，宽1~2厘米；鳞茎外皮灰黑色，膜质，不破裂，内皮白色，膜质。叶圆柱状或近半圆柱状，中空，具纵棱，沿纵棱具细糙齿，等长于或长于花葶，宽1~3毫米。花葶圆柱；总苞单侧开裂，宿存；伞形花序疏散；小花梗不等长；花红色至紫红色；花被片基部2~3毫米互相靠合成管状（即靠合部分尚能看见外轮花被片的分离边缘），分离部分星状开展，卵状矩圆形、狭卵形或倒卵状矩圆形，先端钝或具短尖头，内轮的常稍长而宽，有时近等宽，少有内轮稍狭的；花丝约为花被片长的1/2，基部2~3毫米合生并与靠合的花被管贴生，分离部分锥形；子房圆锥状球形，每室6~8枚胚珠，极少具5枚胚珠；花柱常与子房近等长，也有更短或更长的；柱头3裂。花果期7~9月。

为药食植物，营养价值高。

食用资源植物	夹竹桃科 Apocynaceae
地梢瓜 *Cynanchum thesioides*	鹅绒藤属 *Cynanchum*

直立半灌木。地下茎单轴横生；茎自基部多分枝。叶对生或近对生，线形，长3~5厘米，宽2~5毫米，叶背中脉隆起。伞形聚伞花序腋生；花萼外面被柔毛；花冠绿白色；副花冠杯状，裂片三角状披针形，渐尖，高过药隔的膜片。蓇葖纺锤形，先端渐尖，中部膨大，长5~6厘米，直径2厘米；种子扁平，暗褐色，长8毫米；种毛白色绢质，长2厘米。花期5~8月，果期8~10月。本种植物变异较大。

幼果可食。全株含橡胶1.5%，树脂3.6%，可作工业原料。种毛可作填充料。

食用资源植物	蔷薇科 Rosaceae
地榆 *Sanguisorba officinalis*	地榆属 *Sanguisorba*

多年生草本，高30～120厘米。根粗壮，多呈纺锤形，稀圆柱形，表面棕褐色或紫褐色，有纵皱及横裂纹，横切面黄白色或紫红色，较平正。茎直立，有棱，无毛或基部有稀疏腺毛。基生叶为羽状复叶，有小叶4～6对，叶柄无毛或基部有稀疏腺毛；小叶片有短柄，卵形或长圆状卵形，长1～7厘米，宽0.5～3厘米，顶端圆钝稀急尖，基部心形至浅心形，边缘有多数粗大圆钝稀急尖的锯齿，两面绿色，无毛；茎生叶较少，小叶片有短柄至几无柄，长圆形至长圆披针形，狭长，基部微心形至圆形，顶端急尖。穗状花序椭圆形，圆柱形或卵球形，直立；柱头顶端扩大，盘形，边缘具流苏状乳头。果实包藏在宿存萼筒内，外面有4棱。花果期7～10月。

嫩叶可食，又作代茶饮。根为止血要药及治疗烧伤、烫伤；此外，有些地区用来提制栲胶。

食用资源植物	紫草科 Boraginaceae
附地菜 Trigonotis peduncularis	附地菜属 Trigonotis

一年生或二年生草本。茎通常多条丛生，稀单一，密集，铺散，高5~30厘米，基部多分枝，被短糙伏毛。基生叶呈莲座状，有叶柄，叶片匙形，长2~5厘米，先端圆钝，基部楔形或渐狭，两面被糙伏毛，茎上部叶长圆形或椭圆形，无叶柄或具短柄。花序生茎顶，幼时卷曲，后渐次伸长，长5~20厘米，通常占全茎的1/2~4/5，只在基部具2~3枚叶状苞片，其余部分无苞片；花梗短，花后伸长，长3~5毫米，顶端与花萼连接部分变粗呈棒状；花萼裂片卵形，长1~3毫米，先端急尖；花冠淡蓝色或粉色，筒部甚短，檐部直径1.5~2.5毫米，裂片平展，倒卵形，先端圆钝，喉部附属5，白色或带黄色。早春开花，花期甚长。

嫩叶可供食用。全草入药，能温中健胃、消肿止痛、止血。花美观，可用以点缀花园。

食用资源植物	阿福花科 Asphodelaceae
黄花菜 *Hemerocallis citrina*	萱草属 *Hemerocallis*

植株一般较高大。根近肉质，中下部常有纺锤状膨大。叶7~20枚，花葶长短不一，一般稍长于叶，基部三棱形，上部多少圆柱形，有分枝；苞片披针形，自下向上渐短；花梗较短；花多朵，最多可达100朵以上；花被淡黄色，有时在花蕾时顶端带黑紫色。蒴果钝三棱状椭圆形，长3~5厘米；种子约20多个，黑色，有棱。从开花到种子成熟需40~60天。花果期5~9月。

我国栽培黄花菜有悠久的历史。黄花菜是重要的经济作物。它的花经过蒸、晒加工成干菜，即金针菜或黄花菜，销往国内外，是很受欢迎的食品，还有健胃、利尿、消肿等功效。根可以酿酒。其鲜花不宜多食，特别是花药，因含有多种生物碱，会引起腹泻等中毒现象。

食用资源植物
荠苨 Adenophora trachelioides

桔梗科 Campanulaceae

沙参属 Adenophora

多年生草本。茎高约1米,含白色乳汁,无毛或稀有突起样长毛。叶互生;叶片卵圆形至长椭圆状卵形,长5~20厘米,宽3~8厘米,叶端尖,边缘有锐锯齿,基部近截形至心形,有柄;上部叶小形,无柄。圆锥状总状花序;花枝颇长,花梗短;小苞细小;花下垂;萼5裂,裂片绿色,披针形,锐尖头,长5~8毫米;花冠上方扩张成钟形,淡青紫色,长2~3厘米;先端5裂,裂片尖,下垂;雄蕊5,花丝下半部呈披针形,上方渐次狭细;雌蕊1,花柱比花冠稍短,上部膨大,柱头3浅裂,子房下位。蒴果圆形;含有多数种子。花期8~9月,果期10月。

性味甘,寒。功能有清热、解毒、化痰,治燥咳、喉痛、消渴、疗疮肿毒。

食用资源植物

荠 *Capsella bursa-pastoris*

十字花科 Brassicaceae

荠属 *Capsella*

一年或二年生草本，无毛或有单毛或分叉毛。茎直立，单一或从下部分枝。基生叶丛生呈莲座状，大头羽状分裂，顶裂片卵形至长圆形，顶端渐尖，浅裂或有不规则粗锯齿或近全缘，叶柄长5～40毫米；茎生叶窄披针形或披针形，长5～6.5毫米，宽2～15毫米，基部箭形，抱茎，边缘有缺刻或锯齿。总状花序顶生及腋生，果期延长达20厘米；花梗长3～8毫米；萼片长圆形；花瓣白色，卵形，短爪。短角果倒三角形或倒心状三角形扁平，无毛，顶端微凹，裂瓣具网脉；花柱长约0.5毫米；果梗长5～15毫米；种子2行，长椭圆形，长约1毫米，浅褐色。花果期4～6月。

茎叶作蔬菜食用。种子含油20%～30%，属干性油，供制油漆及肥皂用。全草入药，有利尿、止血、清热、明目、消积的功效。

食用资源植物	柿科 Ebenaceae
君迁子 *Diospyros lotus*	柿属 *Diospyros*

　　落叶乔木。树冠近球形或扁球形。树皮灰黑色或灰褐色，深裂或不规则的厚块状剥落。小枝褐色或棕色，有纵裂的皮孔。叶近膜质，椭圆形至长椭圆形，先端渐尖或急尖，基部钝，宽楔形以至近圆形，上面深绿色，有光泽，初时有柔毛，但后渐脱落，下面绿色或粉绿色，上面稍下陷，下面略突起，小脉很纤细，连接成不规则的网状。果近球形或椭圆形，初熟时为淡黄色，后则变为蓝黑色，常被有白色薄蜡层，8室；种子长圆形，褐色，侧扁，背面较厚。宿存萼4裂，深裂至中部，裂片卵形，先端钝圆。花期5~6月，果期10~11月。

　　成熟果实可供食用，也可制成柿饼，入药可止消渴、去烦热，又可供制糖，酿酒，制醋。果实、嫩叶均可供提取丙种维生素。未熟果实可供提制柿漆，供医药和涂料用。

食用资源植物	马齿苋科 Portulacaceae
马齿苋 *Portulaca oleracea*	马齿苋属 *Portulaca*

一年生草本，全株无毛。茎平卧或斜倚，伏地铺散，多分枝，圆柱形，长10～15厘米，淡绿色或带暗红色。叶互生，有时近对生，叶片扁平，肥厚，倒卵形，似马齿状，长1～3厘米，宽0.6～1.5厘米，顶端圆钝或平截，有时微凹，基部楔形，全缘，上面暗绿色，下面淡绿色或带暗红色，中脉微隆起；苞片2～6枚，叶状，膜质，近轮生；萼片2枚，对生，绿色，盔形，左右压扁，长约4毫米，顶端急尖，背部具龙骨状突起，基部合生；花瓣5，稀4，黄色，倒卵形，长3～5毫米，顶端微凹，基部合生；种子细小，多数，偏斜球形，黑褐色，有光泽，直径不及1毫米，具小疣状突起。花期5～8月，果期6～9月。

全草供药用，有清热利湿、解毒消肿、消炎、止渴、利尿作用。种子明目。还可作兽药和农药。嫩茎叶可作蔬菜，味酸，也是很好的饲料。

食用资源植物
茅莓 Rubus parvifolius

蔷薇科 Rosaceae
悬钩子属 Rubus

灌木，高1~2米。枝呈弓形弯曲，被柔毛和稀疏钩状皮刺。小叶3枚，在新枝上偶有5枚，菱状圆形或倒卵形，长2.5~6厘米，宽2~6厘米，顶端圆钝或急尖，基部圆形或宽楔形，上面伏生疏柔毛，下面密被灰白色绒毛，边缘有不整齐粗锯齿或缺刻状粗重锯齿，常具浅裂片；叶柄长2.5~5厘米，顶生小叶柄长1~2厘米，均被柔毛和稀疏小皮刺；托叶线形，长5~7毫米，具柔毛。伞房花序顶生或腋生，稀顶生花序成短总状，具花数朵至多朵，被柔毛和细刺；花瓣卵圆形或长圆形，粉红色至紫红色，基部具爪；雄蕊花丝白色，稍短于花瓣；子房具柔毛。果实卵球形，直径1~1.5厘米，红色，无毛或具稀疏柔毛；核有浅皱纹。花期5~6月，果期7~8月。

果实酸甜多汁，可供食用、酿酒及制醋等。根和叶含单宁，可提取栲胶。全株入药，有止痛、活血、祛风湿及解毒之效。

食用资源植物	蔷薇科 Rosaceae
毛樱桃 *Prunus tomentosa*	李属 *Prunus*

灌木，通常高0.3～1米，稀呈小乔木状，高可达2～3米。小枝紫褐色或灰褐色，嫩枝密被绒毛至无毛。冬芽卵形，疏被短柔毛或无毛。叶片卵状椭圆形或倒卵状椭圆形，长2～7厘米，宽1～3.5厘米，先端急尖或渐尖，基部楔形，边有急尖或粗锐锯齿，上面暗绿色或深绿色，被疏柔毛，下面灰绿色，密被灰色绒毛或以后变为稀疏，侧脉4～7对；叶柄长2～8毫米，被绒毛或脱落稀疏。花瓣白色或粉红色，倒卵形，先端圆钝。核果近球形，红色，直径0.5～1.2厘米；核表面除棱脊两侧有纵沟外，无棱纹。花期4～5月，果期6～9月。

本种果实微酸甜，可食及酿酒。种仁含油率43%左右，可制肥皂及润滑油用。种仁可入药，商品名大李仁，有润肠利水之效。

食用资源植物	蔷薇科 Rosaceae
山杏 *Prunus sibirica*	李属 *Prunus*

灌木或小乔木，高2～5米。树皮暗灰色。小枝无毛，稀幼时疏生短柔毛，灰褐色或淡红褐色。叶片卵形或近圆形，先端长渐尖至尾尖，基部圆形至近心形，叶边有细钝锯齿，两面无毛，稀下面脉腋间具短柔毛；萼筒钟形，基部微被短柔毛或无毛；萼片长圆状椭圆形，先端尖，花后反折；花瓣近圆形或倒卵形，白色或粉红色；雄蕊几与花瓣近等长；子房被短柔毛。果实扁球形，直径1.5～2.5厘米，黄色或橘红色，有时具红晕，被短柔毛；果肉较薄而干燥，成熟时开裂，味酸涩不可食，成熟时沿腹缝线开裂；核扁球形，易与果肉分离，两侧扁，顶端圆形，基部一侧偏斜，不对称，表面较平滑，腹面宽而锐利；种仁味苦。花期3～4月，果期6～7月。

种仁供药用，可作扁桃的代用品，并可榨油。可作砧木，是选育耐寒品种的优良原始材料。

食用资源植物	石蒜科 Amaryllidaceae
薤白 *Allium macrostemon*	葱属 *Allium*

　　鳞茎近球状，粗0.7~2厘米，基部常具小鳞茎（因其易脱落，故在标本上不常见）；鳞茎外皮带黑色，纸质或膜质，不破裂，但在标本上多因脱落而仅存白色的内皮。叶3~5枚，半圆柱状，或因背部纵棱发达而为三棱状半圆柱形，中空，上面具沟槽，比花葶短。花葶圆柱状，高30~70厘米，1/4~1/3被叶鞘；总苞2裂，比花序短；伞形花序半球状至球状，具多而密集的花，或间具珠芽或有时全为珠芽；小花梗近等长，比花被片长3~5倍，基部具小苞片；珠芽暗紫色，基部亦具小苞片；花淡紫色或淡红色；花被片矩圆状卵形至矩圆状披针形，长4~5.5毫米，宽1.2~2毫米，内轮的常较狭；花丝等长，比花被片稍长直到比其长1/3，在基部合生并与花被片贴生，分离部分的基部呈狭三角形扩大，向上收狭成锥形，内轮的基部约为外轮基部宽的1.5倍；子房近球状，腹缝线基部具有帘的凹陷蜜穴；花柱伸出花被外。花果期5~7月。

　　鳞茎作药用，整株可作为蔬菜食用。

食用资源植物

山楂 *Crataegus pinnatifida*

蔷薇科 Rosaceae

山楂属 *Crataegus*

落叶乔木，高达6米。树皮粗糙，暗灰色或灰褐色。刺长1～2厘米，有时无刺。小枝圆柱形，当年生枝紫褐色，无毛或近于无毛，疏生皮孔，老枝灰褐色。叶片宽卵形或三角状卵形，稀菱状卵形，先端短渐尖，基部截形至宽楔形，通常两侧各有3～5羽状深裂片，裂片卵状披针形或带形，先端短渐尖，边缘有尖锐稀疏不规则重锯齿。伞房花序具多花，花瓣倒卵形或近圆形，长7～8毫米，宽5～6毫米，白色；雄蕊20枚，短于花瓣，花药粉红色；花柱3～5个，柱头头状。果实近球形或梨形，深红色，有浅色斑点；小核3～5颗；萼片脱落很迟，先端留一圆形深洼。花期5～6月，果期9～10月。

果可生吃或作果酱、果糕，干制后入药，有健胃、消积化滞、舒气散瘀之效。山楂可栽培作绿篱和观赏树，秋季结果累累，经久不凋，颇为美观。幼苗可作嫁接山里红或苹果等的砧木。

食用资源植物	菝葜科 Smilacaceae
牛尾菜 *Smilax riparia*	菝葜属 *Smilax*

多年生草质藤本。茎长1~2米，中空，有少量髓，干后凹瘪并具槽。叶比上种厚，形状变化较大，长7~15厘米，宽2.5~11厘米，下面绿色，无毛；叶柄长7~20毫米，通常在中部以下有卷须。伞形花序总花梗较纤细，长3~10厘米；小苞片长1~2毫米，在花期一般不落；雌花比雄花略小，不具或具钻形退化雄蕊。浆果直径7~9毫米。花期6~7月，果期10月。

嫩苗可供蔬食，根状茎有止咳祛痰作用。

食用资源植物	薯蓣科 Dioscoreaceae
薯蓣 *Dioscorea polystachya*	薯蓣属 *Dioscorea*

缠绕草质藤本。块茎长圆柱形，垂直生长，长可达1米多，断面干时白色；茎通常带紫红色，右旋，无毛。单叶，在茎下部的互生，中部以上的对生，很少3叶轮生；叶片变异大，卵状三角形至宽卵形或戟形，顶端渐尖，基部深心形、宽心形或近截形，边缘常3浅裂至3深裂，中裂片卵状椭圆形至披针形，侧裂片耳状、圆形、近方形至长圆形；幼苗时一般叶片为宽卵形或卵圆形，基部深心形；叶腋内常有珠芽；雌雄异株。花序轴明显地呈"之"字状曲折；苞片和花被片有紫褐色斑点。蒴果不反折，三棱状扁圆形或三棱状圆形，外面有白粉；种子着生于每室中轴中部，四周有膜质翅。花期6~9月，果期7~11月。

薯蓣的根茎可食，即常吃的山药；干燥后可作为中药材入药，能够益气养阴，补脾、肺、肾。

食用资源植物	鼠李科 Rhamnaceae
酸枣 *Ziziphus jujuba* var. *spinosa*	枣属 *Ziziphus*

　　为枣的变种，本变种常为灌木。叶较小。核果小，近球形或短矩圆形，直径0.7~1.2厘米，具薄的中果皮，味酸，核两端钝，与其原变种显然不同。花期6~7月，果期8~9月。

　　果实虽肉薄，但含有丰富的维生素C，可生食或制作果酱。花芳香、多蜜腺（为华北地区的重要蜜源植物之一）。种子酸枣仁入药，有镇定安神之功效，主治神经衰弱、失眠等症。枝具锐刺，常用作绿篱。

食用资源植物
山桃 *Prunus davidiana*

蔷薇科 Rosaceae
李属 *Prunus*

乔木，高可达10米。树冠开展，树皮暗紫色，光滑。小枝细长，直立，幼时无毛，老时褐色。叶片卵状披针形，先端渐尖，基部楔形，两面无毛，叶边具细锐锯齿。花单生，先于叶开放。果实近球形，直径2.5~3.5厘米，淡黄色，外面密被短柔毛，果梗短而深入果洼；果肉薄而干，不可食，成熟时不开裂；核球形或近球形，两侧不压扁，顶端圆钝，基部截形，表面具纵、横沟纹和孔穴，与果肉分离。花期3~4月，果期7~8月。

种仁可榨油供食用。可供观赏。在华北地区主要作桃、梅、李等果树的砧。木材质硬而重，可作各种细工及手杖。果核可用来制作玩具或念珠。

食用资源植物
野韭 *Allium ramosum*

石蒜科 Amaryllidaceae

葱属 *Allium*

具横生的粗壮根状茎，略倾斜。鳞茎近圆柱状；鳞茎外皮暗黄色至黄褐色，破裂成纤维状，网状或近网状。叶三棱状条形，背面具呈龙骨状隆起的纵棱，中空，比花序短，沿叶缘和纵棱具细糙齿或光滑。花葶圆柱状，具纵棱，有时棱不明显，下部被叶鞘；总苞单侧开裂至2裂，宿存；伞形花序半球状或近球状，多花；小花梗近等长，比花被片长2～4倍，基部除具小苞片外常在数枚小花梗的基部又为1枚共同的苞片所包围；花白色，稀淡红色；花被片具红色中脉，内轮的矩圆状倒卵形，先端具短尖头或钝圆，矩圆状卵形至矩圆状披针形，先端具短尖头；花丝等长，基部合生并与花被片贴生，分离部分狭三角形，内轮的稍宽；子房倒圆锥状球形，具3圆棱，外壁具细的疣状突起。花果期6月底～9月。

本种是一种野生的草本植物，叶可食用，营养价值高。

食用资源植物
猪毛菜 *Kali collinum*

苋科 Amaranthaceae

猪毛菜属 *Kali*

一年生草本，高20~100厘米。茎自基部分枝，枝互生，伸展，茎、枝绿色，有白色或紫红色条纹，生短硬毛或近于无毛。叶片丝状圆柱形，伸展或微弯曲，长2~5厘米，宽0.5~1.5毫米，生短硬毛，顶端有刺状尖，基部边缘膜质，稍扩展而下延。花序穗状，生枝条上部；苞片卵形，顶部延伸，有刺状尖，边缘膜质，背部有白色隆脊；小苞片狭披针形，顶端有刺状尖，苞片及小苞片与花序轴紧贴；花被片卵状披针形，膜质，顶端尖，果时变硬，自背面中上部生鸡冠状突起；花被片在突起以上部分近革质，顶端为膜质，向中央折曲成平面，紧贴果实，有时在中央聚集成小圆锥体；花药长1~1.5毫米；柱头丝状，长为花柱的1.5~2倍。种子横生或斜生。花期7~9月，果期9~10月。

嫩茎、叶可供食用。全草入药，有降低血压作用。

饲料资源植物	豆科 Fabaceae
白车轴草 *Trifolium repens*	车轴草属 *Trifolium*

短期多年生草本。主根短，侧根和须根发达。茎匍匐蔓生，上部稍上升，节上生根，全株无毛。掌状三出复叶；托叶卵状披针形，膜质，基部抱茎成鞘状，离生部分锐尖；叶柄较长，长10～30厘米；小叶倒卵形至近圆形，先端凹头至钝圆，基部楔形渐窄至小叶柄，中脉在下面隆起，侧脉约13对，与中脉作50°角展开，两面均隆起，近叶边分叉并伸达锯齿齿尖；小叶柄微被柔毛。花序球形，顶生，直径15～40毫米；总花梗甚长，比叶柄长近1倍，具花20～80朵，密集；无总苞；苞片披针形，膜质，锥尖；花梗比花萼稍长或等长，开花立即下垂。花果期5～10月。

本种为优良牧草，含丰富的蛋白质和矿物质，抗寒耐热，在酸性和碱性土壤上均能适应，是本属植物中在我国很有推广前途的种。可作为绿肥、堤岸防护草种、草坪装饰，以及蜜源和药材等用。

饲料资源植物

白羊草 *Bothriochloa ischaemum*

禾本科 Poaceae

孔颖草属 *Bothriochloa*

多年生草本。秆丛生，直立或基部倾斜，高25～70厘米，径1～2毫米，具3至多节，节上无毛或具白色髯毛；叶鞘无毛，多密集于基部而相互跨覆，常短于节间；叶舌膜质，长约1毫米，具纤毛；叶片线形，长5～16厘米，宽2～3毫米，顶生者常缩短，先端渐尖，基部圆形，两面疏生疣基柔毛或下面无毛。总状花序4至多数着生于秆顶呈指状，长3～7厘米，纤细，灰绿色或带紫褐色，花序轴节间与小穗柄两侧具白色丝状毛。花果期秋季。

本种适应性强，生于山坡草地和荒地，可作牧草。根可制各种刷子。

饲料资源植物	禾本科 Poaceae
大画眉草 *Eragrostis cilianensis*	画眉草属 *Eragrostis*

一年生。秆粗壮，直立丛生，基部常膝曲，具3~5个节，节下有一圈明显的腺体。叶鞘疏松裹茎，脉上有腺体，鞘口具长柔毛；叶舌为一圈成束的短毛；叶片线形扁平，伸展，无毛，叶脉上与叶缘均有腺体。圆锥花序长圆形或尖塔形，分枝粗壮，单生，上举，腋间具柔毛，小枝和刁穗柄上均有腺体；小穗长圆形或卵状长圆形，墨绿色带淡绿色或黄褐色，扁压并弯曲，有10~40朵小花，小穗除单生外，常密集簇生；颖近等长，长约2毫米，颖具1脉或第二颖具3脉，脊上均有腺体；外稃呈广卵形，先端钝，第一外稃长约2.5毫米，宽约1毫米，侧脉明显，主脉有腺体，暗绿色而有光泽；内稃宿存，稍短于外稃，脊上具短纤毛；雄蕊3枚，花药长0.5毫米。颖果近圆形，径约0.7毫米。花果期7~10月。

本种可作青饲料或晒制牧草。

饲料资源植物	石竹科 Caryophyllaceae
鹅肠菜 *Stellaria aquatica*	繁缕属 *Stellaria*

　　二年生或多年生草本，具须根。茎上升，多分枝，长50～80厘米，上部被腺毛。叶片卵形或宽卵形，长2.5～5.5厘米，宽1～3厘米，顶端急尖，基部稍心形，有时边缘具毛；叶柄长5～15毫米，上部叶常无柄或具短柄，疏生柔毛。顶生二歧聚伞花序；苞片叶状，边缘具腺毛；花梗细，长1～2厘米，花后伸长并向下弯，密被腺毛；萼片卵状披针形或长卵形，长4～5毫米，果期长达7毫米，顶端较钝，边缘狭膜质，外面被腺柔毛，脉纹不明显；花瓣白色，2深裂至基部，裂片线形或披针状线形，长3～3.5毫米，宽约1毫米；雄蕊10枚，稍短于花瓣；子房长圆形，花柱短，线形。蒴果卵圆形，稍长于宿存萼；种子近肾形，直径约1毫米，稍扁，褐色，具小疣。花期5～8月，果期6～9月。

　　幼苗可作野菜和饲料。全草供药用，祛风解毒，外敷治疥疮。

饲料资源植物	禾本科 Poaceae
鹅观草 *Elymus kamoji*	披碱草属 *Elymus*

秆直立或基部倾斜，高30～100厘米。叶鞘外侧边缘常具纤毛；叶片扁平，长5～40厘米，宽3～13毫米。穗状花序长7～20厘米，弯曲或下垂；小穗绿色或带紫色，长13～25毫米（芒除外），含3～10小花；颖卵状披针形至长圆状披针形，先端锐尖至具短芒（芒长2～7毫米），边缘为宽膜质，第一颖长4～6毫米，第二颖长5～9毫米；外稃披针形，具有较宽的膜质边缘，背部以及基盘近于无毛或仅基盘两侧具有极微小的短毛，上部具明显的5脉，脉上稍粗糙，第一外稃长8～11毫米，先端延伸成芒，芒粗糙，劲直或上部稍有曲折，长20～40毫米；内稃约与外稃等长，先端钝头，脊显著具翼，翼缘具有细小纤毛。

本种植物可作牲畜的饲料，叶质柔软而繁盛，产草量大，可食性高。

饲料资源植物	豆科 Fabaceae
广布野豌豆 *Vicia cracca*	野豌豆属 *Vicia*

多年生草本，高40~150厘米。根细长，多分支。茎攀援或蔓生，有棱，被柔毛。偶数羽状复叶，叶轴顶端卷须有2~3分支；托叶半箭头形或戟形，上部2深裂；小叶5~12对互生，线形、长圆或披针状线形，先端锐尖或圆形，具短尖头，基部近圆或近楔形，全缘；叶脉稀疏，呈三出脉状，不甚清晰。总状花序与叶轴近等长，花多数，10~40朵密集着生于总花序轴上部的一侧；花萼钟状，萼齿5枚，近三角状披针形；花冠紫色、蓝紫色或紫红色，长0.8~1.5厘米。荚果长圆形或长圆菱形，先端有喙，果梗长约0.3厘米；种子3~6颗，扁圆球形，直径约0.2厘米，种皮黑褐色，种脐长相当于种子周长1/3。花果期5~9月。

嫩时为牛羊等牲畜喜食饲料。花期为蜜源植物之一。也是水土保持绿肥作物。

饲料资源植物
画眉草 *Eragrostis pilosa*

禾本科 Poaceae

画眉草属 *Eragrostis*

一年生。秆丛生，直立或基部膝曲，高15～60厘米，径1.5～2.5毫米，通常具4节，光滑。叶鞘松裹茎，长于或短于节间，扁压，鞘缘近膜质，鞘口有长柔毛；叶舌为一圈纤毛，长约0.5毫米；叶片线形扁平或卷缩，长6～20厘米，宽2～3毫米，无毛。圆锥花序开展或紧缩，长10～25厘米，宽2～10厘米，分枝单生、簇生或轮生，多直立向上，腋间有长柔毛，小穗具柄，长3～10毫米，宽1～1.5毫米，含4～14朵小花；颖为膜质，披针形，先端渐尖；第一颖长约1毫米，无脉，第二颖长约1.5毫米，具1脉；第一外稃长约1.8毫米，广卵形，先端尖，具3脉；内稃长约1.5毫米，稍作弓形弯曲，脊上有纤毛，迟落或宿存；雄蕊3枚，花药长约0.3毫米。颖果长圆形，长约0.8毫米。花果期8～11月。

本种为优良饲料。药用治跌打损伤。

饲料资源植物

黄香草木樨 Melilotus officinalis

豆科 Fabaceae

草木樨属 Calarnagrostis

二年生草本，高40~250厘米。茎直立，粗壮，多分枝，具纵棱，微被柔毛。羽状三出复叶；托叶镰状线形，长3~7毫米，中央有1条脉纹，全缘或基部有1尖齿；叶柄细长；小叶倒卵形、阔卵形、倒披针形至线形，先端钝圆或截形，基部阔楔形，边缘具不整齐疏浅齿，上面无毛，粗糙，下面散生短柔毛，侧脉8~12对，平行直达齿尖，两面均不隆起，顶生小叶稍大，具较长的小叶柄，侧小叶的小叶柄短。总状花序腋生，具花30~70朵，花序轴在花期中显著伸展；苞片刺毛状，花梗与苞片等长或稍长；萼钟形，萼齿三角状披针形，稍不等长，比萼筒短；花冠黄色，旗瓣倒卵形，与翼瓣近等长，龙骨瓣稍短或三者均近等长。荚果卵形；种子卵形。花期5~9月，果期6~10月。

花期比其他种早半个多月，耐碱性土壤，为常见的牧草。

饲料资源植物
假苇拂子茅 Calamagrostis pseudophragmites

禾本科 Poaceae
拂子茅属 Calamagrostis

秆直立，高40～100厘米，径1.5～4毫米。叶鞘平滑无毛，或稍粗糙，短于节间，有时在下部者长于节间；叶舌膜质，长4～9毫米，长圆形，顶端钝而易破碎；叶片长10～30厘米，宽1.5～7毫米，扁平或内卷，上面及边缘粗糙，下面平滑。圆锥花序长圆状披针形，疏松开展，长10～35厘米，宽2～5厘米，分枝簇生，直立，细弱，稍糙涩；小穗长5～7毫米，草黄色或紫色；颖线状披针形，成熟后张开，顶端长渐尖，不等长，第二颖较第一颖短1/4～1/3，具1脉或第二颖具3脉，主脉粗糙；外稃透明膜质，长3～4毫米，具3脉，顶端全缘，稀微齿裂，芒自顶端或稍下伸出，细直，细弱，长1～3毫米，基盘的柔毛等长或稍短于小穗；内稃长为外稃的1/3～2/3；雄蕊3，花药长1～2毫米。花果期7～9月。

可作饲料。生活力强，可作为防沙固堤的材料。

饲料资源植物
菊芋 *Helianthus tuberosus*

菊科 Asteraceae
向日葵属 *Helianthus*

多年生草本，高1~3米，有块状的地下茎及纤维状根。茎直立，有分枝，被白色短糙毛或刚毛。叶通常对生，有叶柄，但上部叶互生；下部叶卵圆形或卵状椭圆形，有长柄，基部宽楔形或圆形，顶端渐细尖，边缘有粗锯齿，有离基三出脉，上面被白色短粗毛，下面被柔毛，上部叶长椭圆形至阔披针形，基部渐狭，下延成短翅状，顶端渐尖，短尾状。头状花序较大，少数或多数，单生于枝端，舌状花通常12~20个，舌片黄色，开展，长椭圆形；管状花花冠黄色。瘦果小，楔形，上端有2~4个有毛的锥状扁芒。花期8~9月。

可供食用。块茎含有丰富的淀粉，是优良的多汁饲料；块茎也是一种味美的蔬菜并可加工制成酱菜，另外还可制菊糖及酒精。新鲜的茎、叶作青贮饲料，营养价值较向日葵为高。

饲料资源植物
藜 *Chenopodium album*

苋科 Amaranthaceae
藜属 *Chenopodium*

一年生草本，高30～150厘米。茎直立，粗壮，具条棱及绿色或紫红色色条，多分枝；枝条斜升或开展。叶片菱状卵形至宽披针形，长3～6厘米，宽2.5～5厘米，先端急尖或微钝，基部楔形至宽楔形，上面通常无粉，有时嫩叶的上面有紫红色粉，下面多少有粉，边缘具不整齐锯齿；叶柄与叶片近等长，或为叶片长度的1/2。花两性，花簇于枝上部排列成或大或小的穗状圆锥状或圆锥状花序；花被裂片5，宽卵形至椭圆形，背面具纵隆脊，有粉，先端或微凹，边缘膜质。种子横生，双凸镜状，直径1.2～1.5毫米，边缘钝，黑色，有光泽，表面具浅沟纹；胚环形。花果期5～10月。

生于路旁、荒地及田间，为很难除掉的杂草。

茎叶可喂家畜。幼苗可作蔬菜用。全草又可入药，能止泻痢，止痒，可治痢疾腹泻；配合野菊花煎汤外洗，治皮肤湿毒及周身发痒。

饲料资源植物

牛筋草 *Eleusine indica*

禾本科 Poaceae

䅟属 *Eleusine*

一年生草本。根系极发达。秆丛生，基部倾斜，高10～90厘米。叶鞘两侧压扁而具脊，松弛，无毛或疏生疣毛；叶舌长约1毫米；叶片平展，线形，长10～15厘米，宽3～5毫米，无毛或上面被疣基柔毛。穗状花序2～7个，指状着生于秆顶，很少单生，长3～10厘米，宽3～5毫米；小穗长4～7毫米，宽2～3毫米，含3～6朵小花；颖披针形，具脊，脊粗糙；第一颖长1.5～2毫米；第二颖长2～3毫米；第一外稃长3～4毫米，卵形，膜质，具脊，脊上有狭翼，内稃短于外稃，具2脊，脊上具狭翼。鳞被2，折叠，具5脉。囊果卵形，长约1.5毫米，基部下凹，具明显的波状皱纹。花果期6～10月。

全株可作饲料，根系极发达，秆叶强韧。为优良保土植物。全草煎水服，可防治乙型脑炎。

饲料资源植物	豆科 Fabaceae
牛枝子 *Lespedeza potaninii*	胡枝子属 *Lespedeza*

半灌木，高20～60厘米。茎斜升或平卧，基部多分枝，有细棱，被粗硬毛。托叶刺毛状，长2～4毫米；羽状复叶具3小叶，小叶狭长圆形，稀椭圆形至宽椭圆形，长8～22毫米，宽3～7毫米，先端钝圆或微凹，具小刺尖，基部稍偏斜，上面白绿色，无毛，下面被灰白色粗硬毛。总状花序腋生；总花梗长，明显超出叶；花疏生；小苞片锥形，长1～2毫米；花萼密被长柔毛，5深裂，裂片披针形，长5～8毫米，先端长渐尖，呈刺芒状；花冠黄白色，稍超出萼裂片，旗瓣中央及龙骨瓣先端带紫色，翼瓣较短；闭锁花腋生，无梗或近无梗。荚果倒卵形，长3～4毫米，双凸镜状，密被粗硬毛，包于宿存萼内。花期7～9月，果期9～10月。

为优质饲用植物。性耐干旱，可作水土保持及固沙植物。

饲料资源植物

纤毛鹅观草 *Elymus ciliaris*

禾本科 Poaceae

披碱草属 *Elymus*

秆单生或成疏丛，直立，基部节常膝曲，高40~80厘米，平滑无毛，常被白粉。叶鞘无毛，稀植株基部叶鞘边缘处具有柔毛；叶片扁平，两面均无毛，边缘粗糙。穗状花序直立或多少下垂，长10~20厘米；小穗通常绿色；颖椭圆状披针形，先端常具短尖头，两侧或1侧常具齿，具5~7脉，边缘与边脉上具有纤毛，第一颖长7~8毫米，第二颖长8~9毫米；外稃长圆状披针形，背部被粗毛，边缘具长而硬的纤毛，上部具有明显的5脉，通常在顶端两侧或1侧具齿，第一外稃长8~9毫米，顶端延伸成粗糙反曲的芒，长10~30毫米；内稃长为外稃的2/3，先端钝头，脊的上部具少许短小纤毛。

本种秆叶柔嫩，幼时为家畜喜吃，至穗成熟时，秆叶粗韧，且有硬芒，不宜利用。

饲料资源植物	禾本科 Poaceae
小画眉草 Eragrostis minor	画眉草属 Eragrostis

一年生。秆纤细，丛生，膝曲上升，高15~50毫米，径1~2毫米，具3~4节，节下具有一圈腺体。叶鞘较节间短，松裹茎，叶鞘脉上有腺体，鞘口有长毛；叶舌为一圈长柔毛，长0.5~1毫米；叶片线形，平展或卷缩，长3~15厘米，宽2~4毫米，下面光滑，上面粗糙并疏生柔毛，主脉及边缘都有腺体。圆锥花序开展而疏松，每节一分枝，分枝平展或上举，腋间无毛，花序轴、小枝以及柄上都有腺体；小穗长圆形，长3~8毫米，宽1.5~2毫米，含3~16朵小花，绿色或深绿色；颖锐尖，具1脉，脉上有腺点，第一颖长1.6毫米，第二颖长约1.8毫米；第一外稃长约2毫米，广卵形，先端圆钝，具3脉，侧脉明显并靠近边缘，主脉上有腺体；雄蕊3枚，花药长约0.3毫米。颖果红褐色，近球形，径约0.5毫米。花果期6~9月。

饲料植物，马、牛、羊均喜食。

饲料资源植物	菊科 Asteraceae
小蓬草 *Erigeron canadensis*	飞蓬属 *Erigeron*

一年生草本。根纺锤状，具纤维状根。茎直立，高50～100厘米或更高，圆柱状，多少具棱，有条纹，被疏长硬毛，上部多分枝。叶密集，基部叶花期常枯萎，下部叶倒披针形，长6～10厘米，宽1～1.5厘米，顶端尖或渐尖，基部渐狭成柄，边缘具疏锯齿或全缘，中部和上部叶较小，线状披针形或线形，近无柄或无柄，全缘或少有具1～2个齿，两面或仅上面被疏短毛，边缘常被上弯的硬缘毛。头状花序多数，小，排列成顶生多分枝的大圆锥花序。花期5～9月。

嫩茎、叶可作猪饲料。全草入药，可消炎止血、祛风湿，治血尿、水肿、肝炎、胆囊炎、小儿头疮等症。据国外文献记载，北美洲将其用作治痢疾、腹泻、创伤以及驱蠕虫；在中部欧洲，常用其新鲜的植株作止血药，但其液汁和捣碎的叶有刺激皮肤的作用。

饲料资源植物	漆树科 Anacardiaceae
盐麸木 Rhus chinensis	盐麸木属 Rhus

落叶小乔木或灌木，高2~10米。小枝棕褐色，被锈色柔毛，具圆形小皮孔。奇数羽状复叶有小叶2~6对，叶轴具宽的叶状翅，小叶自下而上逐渐增大，叶轴和叶柄密被锈色柔毛；小叶多形，卵形或椭圆状卵形或长圆形，先端急尖，基部圆形，边缘具粗锯齿或圆齿，叶面暗绿色，叶背粉绿色，被白粉，叶面沿中脉疏被柔毛或近无毛，叶背被锈色柔毛，脉上较密，侧脉和细脉在叶面凹陷，在叶背突起；小叶无柄。圆锥花序宽大，多分枝。核果球形，成熟时红色。花期8~9月，果期10月。

嫩茎叶可作为野生蔬菜食用，也是山区养猪的野生饲料。花是初秋的优质蜜粉源。是一种很好的绿肥，割青铺园，又有利于水土保持。五倍子蚜虫寄生盐麸木，在幼枝和叶上形成虫瘿，即五倍子，可供鞣革、医药、塑料和墨水等工业上用。种子可榨油。根、叶、花及果均可供药用。

饲料资源植物
羊草 *Leymus chinensis*

禾本科 Poaceae
赖草属 *Leymus*

多年生，具下伸或横走根茎。须根具沙套。秆散生，直立，高40～90厘米，具4～5节。叶鞘光滑，基部残留叶鞘呈纤维状，枯黄色；叶舌截平，顶具裂齿，纸质，长0.5～1毫米；叶片长7～18厘米，宽3～6毫米，扁平或内卷，上面及边缘粗糙，下面较平滑。穗状花序直立，长7～15厘米，宽10～15毫米；穗轴边缘具细小睫毛，节间长6～10毫米，最基部的节长可达16毫米；小穗长10～22毫米，含5～10朵小花，通常2朵生于1节，或在上端及基部者常单生，粉绿色，成熟时变黄；第一外稃长8～9毫米；内稃与外稃等长，先端常微2裂，上半部脊上具微细纤毛或近于无毛。花果期6～8月。

其耐寒、耐旱、耐碱，更耐牛马践踏，为内蒙古东部和东北西部天然草场上的重要牧草之一，也可割制干草。

饲料资源植物	菊科 Asteraceae
野艾蒿 *Artemisia lavandulifolia*	蒿属 *Artemisia*

茎具纵棱，分枝多，斜向上伸展，被灰白色蛛丝状短柔毛。叶纸质，上面绿色，具密集白色腺点及小凹点，背面除中脉外密被灰白色密绵毛；二回羽状全裂或第一回全裂，第二回深裂，具长柄。头状花序极多数。瘦果。花果期8～10月。

该物种适应性强，有较强的耐阴性，草叶可作为饲料，供牛羊等食用。嫩苗经过烹煮后，可食用，有一定的营养价值。具有散寒、祛湿、温经、止血等功效。

饲料资源植物	苋科 Amaranthaceae
皱果苋 Amaranthus viridis	苋属 Amaranthus

一年生草本，高40～80厘米，全体无毛。茎直立，有不显明棱角，稍有分枝，绿色或带紫色。叶片卵形、卵状矩圆形或卵状椭圆形，长3～9厘米，宽2.5～6厘米，顶端尖凹或凹缺，少数圆钝，有1芒尖，基部宽楔形或近截形，全缘或微呈波状缘；叶柄长3～6厘米，绿色或带紫红色。圆锥花序顶生，有分枝，由穗状花序形成，圆柱形，细长，直立，顶生花穗比侧生者长。种子近球形，黑色或黑褐色，具薄且锐的环状边缘。花期6～8月，果期8～10月。

茎、叶比较柔软，营养价值较高，是猪的优良青绿多汁饲料，生喂、熟喂均可。适应性广、适口性好，适于牛、羊、马、兔、鹅、鸭、鸟及鱼类水产等多种畜禽食用。嫩茎叶可作野菜食用。全草入药，有清热解毒、利尿止痛的功效。

观赏资源植物	蔷薇科 Rosaceae
榆叶梅 *Prunus triloba*	李属 *Prunus*

灌木稀小乔木，高2～3米。枝条开展，具多数短小枝；小枝灰色，一年生枝灰褐色，无毛或幼时微被短柔毛。冬芽短小，长2～3毫米。短枝上的叶常簇生，一年生枝上的叶互生；叶片宽椭圆形至倒卵形，长2～6厘米，宽1.5～4厘米，先端短渐尖，常3裂，基部宽楔形，上面具疏柔毛或无毛，下面被短柔毛，叶边具粗锯齿或重锯齿；叶柄长5～10毫米，被短柔毛。花1～2朵，先于叶开放，直径2～3厘米；花梗长4～8毫米；萼筒宽钟形，长3～5毫米，无毛或幼时微具毛；萼片卵形或卵状披针形，无毛，近先端疏生小锯齿；花瓣近圆形或宽倒卵形，长6～10毫米，先端圆钝，有时微凹，粉红色；雄蕊25～30枚，短于花瓣；子房密被短柔毛，花柱稍长于雄蕊。果实近球形，直径1～1.8厘米，顶端具短小尖头，红色，外被短柔毛；果梗长5～10毫米；果肉薄，成熟时开裂；核近球形，具厚硬壳，直径1～1.6厘米，两侧几不压扁，顶端圆钝，表面具不整齐的网纹。花期4～5月，果期5～7月。

观赏资源植物	蔷薇科 Rosaceae
三裂绣线菊 Spiraea trilobata	绣线菊属 Spiraea

灌木，高1~2米。小枝细瘦，开展，稍呈"之"字形弯曲，嫩时褐黄色，无毛，老时暗灰褐色。冬芽小，宽卵形，先端钝，无毛，外被数个鳞片。叶片近圆形，长1.7~3厘米，宽1.5~3厘米，先端钝，常3裂，基部圆形、楔形或亚心形，边缘自中部以上有少数圆钝锯齿，两面无毛，下面色较浅，基部具显著3~5脉。伞形花序具总梗，无毛，有花15~30朵；花梗长8~13毫米，无毛；苞片线形或倒披针形，上部深裂成细裂片；花直径6~8毫米；萼筒钟状，外面无毛，内面有灰白色短柔毛；萼片三角形，先端急尖，内面具稀疏短柔毛；花瓣宽倒卵形，先端常微凹，长与宽各2.5~4毫米；雄蕊18~20枚，比花瓣短；花盘约有10个大小不等的裂片，裂片先端微凹，排列成圆环形；子房被短柔毛，花柱比雄蕊短。蓇葖果开张，仅沿腹缝微具短柔毛或无毛，花柱顶生稍倾斜，具直立萼片。花期5~6月，果期7~8月。

观赏资源植物	蔷薇科 Rosaceae
水枸子 *Cotoneaster multiflorus*	枸子属 *Cotoneaster*

落叶灌木，高达4米。枝条细瘦，常呈弓形弯曲，小枝圆柱形，红褐色或棕褐色，无毛，幼时带紫色，具短界毛，不久脱落。叶片卵形或宽卵形，长2～4厘米，宽1.5～3厘米，先端急尖或圆钝，基部宽楔形或圆形，上面无毛，下面幼时稍有绒毛，后渐脱落；叶柄长3～8毫米，幼时有柔毛，以后脱落；托叶线形，疏生柔毛，脱落。花多数，5～21朵，成疏松的聚伞花序，总花梗和花梗无毛，稀微具柔毛；花梗长4～6毫米；苞片线形，无毛或微具柔毛；花直径1～1.2厘米；萼筒钟状，内外两面均无毛；萼片三角形，先端急尖，通常除先端边缘外，内、外两面均无毛；花瓣平展，近圆形，直径约4～5毫米，先端圆钝或微缺，基部有短爪，内面基部有白色细柔毛，白色；雄蕊约20，稍短于花瓣；花柱通常2，离生，比雄蕊短；子房先端有柔毛。果实近球形或倒卵形，直径8毫米，红色，有1个由2心皮合生而成的小核。花期5～6月，果期8～9月。

观赏资源植物	石竹科 Caryophyllaceae
石竹 *Dianthus chinensis*	石竹属 *Dianthus*

多年生草本，高30～50厘米。全株无毛，带粉绿色。茎由根颈生出，疏丛生，直立，上部分枝。叶片线状披针形，长3～5厘米，宽2～4毫米，顶端渐尖，基部稍狭，全缘或有细小齿，中脉较显。花单生枝端或数花集成聚伞花序；花梗长1～3厘米；苞片4，卵形，顶端长渐尖，长达花萼1/2以上，边缘膜质，有缘毛；花萼圆筒形，长15～25毫米，直径4～5毫米，有纵条纹，萼齿披针形，长约5毫米，直伸，顶端尖，有缘毛；花瓣长16～18毫米，瓣片倒卵状三角形，长13～15毫米，紫红色、粉红色、鲜红色或白色，顶缘不整齐齿裂，喉部有斑纹，疏生髯毛；雄蕊露出喉部外，花药蓝色；子房长圆形，花柱线形。蒴果圆筒形，包于宿存萼内，顶端4裂；种子黑色，扁圆形。花期5～6月，果期7～9月。

观赏资源植物	胡颓子科 Elaeagnaceae
牛奶子 *Elaeagnus umbellata*	胡颓子属 *Elaeagnus*

落叶直立灌木，高1~4米，具长1~4厘米的刺。小枝甚开展，幼时密被银白色及黄褐色鳞片。叶纸质或膜质，椭圆形或倒卵状披针形，长3~8厘米，宽1~3.2厘米，先端纯尖，基部圆或楔形，上面幼时具白色星状毛或鳞片，下面密被银白色和少量褐色鳞片，侧脉5~7对；叶柄银白色，长5~7毫米。先叶开花，芳香，黄白色，密被银白色盾形鳞片，常1~7花簇生新枝基部，单生或成对生于幼叶叶腋；花梗长3~6毫米，白色；萼筒漏斗形，长5~7毫米，在裂片下扩展，向基部渐窄，在子房之上略缢缩，裂片卵状三角形，长2~4毫米，内面几乎无毛或疏生星状毛；花丝极短；花柱直立，疏生白色星状毛和鳞片，柱头侧生。果近球形或卵圆形，长5~7毫米，幼时绿色，被银白色或褐色鳞片，熟时红色；果柄粗，长0.4~1厘米。花期4~5月，果期7~8月。

观赏资源植物	石竹科 Caryophyllaceae
长蕊石头花 Gypsophila oldhamiana	石头花属 Gypsophila

多年生草本，高60~100厘米。根粗壮，木质化，淡褐色至灰褐色。茎数个由根颈处生出，二歧或三歧分枝，开展，老茎常红紫色。叶片近革质，稍厚，长圆形，长4~8厘米，宽5~15毫米，顶端短凸尖，基部稍狭，两叶基相连成短鞘状，微抱茎，脉3~5条，中脉明显，上部叶较狭，近线形。伞房状聚伞花序较密集，顶生或腋生，无毛；花梗长2~5毫米，直伸，无毛或疏生短柔毛；苞片卵状披针形，长渐尖尾状，膜质，大多具缘毛；花萼钟形或漏斗状，长2~3毫米，萼齿卵状三角形，略急尖，脉绿色，伸达齿端，边缘白色，膜质，具缘毛；花瓣粉红色，倒卵状长圆形，顶端截形或微凹，长于花萼1倍；雄蕊长于花瓣；子房倒卵球形，花柱长线形，伸出。蒴果卵球形，稍长于宿存萼，顶端4裂；种子近肾形，长1.2~1.5毫米，灰褐色，两侧压扁，具条状突起，脊部具短尖的小疣状突起。花期6~9月，果期8~10月。

观赏资源植物	豆科 Fabaceae
绒毛胡枝子 Lespedeza tomentosa	胡枝子属 Lespedeza

灌木，高达1米。全株密被黄褐色绒毛。茎直立，单一或上部少分枝。托叶线形，长约4毫米；羽状复叶具3小叶；小叶质厚，椭圆形或卵状长圆形，长3～6厘米，宽1.5～3厘米，先端钝或微心形，边缘稍反卷，上面被短伏毛，下面密被黄褐色绒毛或柔毛，沿脉上尤多；叶柄长2～3厘米。总状花序顶生或于茎上部腋生；总花梗粗壮，长4～12厘米；苞片线状披针形，长2毫米，有毛；花具短梗，密被黄褐色绒毛；花萼密被毛长约6毫米，5深裂，裂片狭披针形，长约4毫米，先端长渐尖；花冠黄色或黄白色，旗瓣椭圆形，长约1厘米，龙骨瓣与旗瓣近等长，翼瓣较短，长圆形；闭锁花生于茎上部叶腋，簇生成球状。荚果倒卵形，长3～4毫米，宽2～3毫米，先端有短尖，表面密被毛。花果期7～10月。

观赏资源植物	天门冬科 Asparagaceae
山麦冬 *Liriope spicata*	山麦冬属 *Liriope*

植株有时丛生。根稍粗，直径1～2毫米，有时分枝多，近末端处常膨大成矩圆形、椭圆形或纺锤形的肉质小块根。根状茎短，木质，具地下走茎。叶长25～60厘米，宽4～8毫米，先端急尖或钝，基部常包以褐色的叶鞘，上面深绿色，背面粉绿色，具5条脉，中脉比较明显，边缘具细锯齿。花葶通常长于或几等长于叶，少数稍短于叶，长25～65厘米；总状花序长6～20厘米，具多数花；花通常2～5朵簇生于苞片腋内；苞片小，披针形，最下面的长4～5毫米，干膜质；花梗长约4毫米，关节位于中部以上或近顶端；花被片矩圆形、矩圆状披针形，长4～5毫米，先端钝圆，淡紫色或淡蓝色；花丝长约2毫米；花药狭矩圆形，长约2毫米；子房近球形，花柱长约2毫米，稍弯，柱头不明显。种子近球形，直径约5毫米。花期5～7月，果期8～10月。

观赏资源植物	白花丹科 Plumbaginaceae
二色补血草 *Limonium bicolor*	补血草属 *Limonium*

多年生草本，高20~50厘米，全株（除萼外）无毛。叶基生，偶可花序轴下部1~3节上有叶，花期叶常存在，匙形至长圆状匙形，长3~15厘米，宽0.5~3厘米，先端通常圆或钝，基部渐狭成平扁的柄；花序圆锥状；花序轴单生，或2~5枚各由不同的叶丛中生出，通常有3~4棱角，有时具沟槽，偶可主轴圆柱状，往往自中部以上作数回分枝，末级小枝二棱形；不育枝少（花序受伤害时则下部可生多数不育枝），通常简单，位于分枝下部或单生于分叉处；穗状花序有柄至无柄，排列在花序分枝的上部至顶端，由3~9个小穗组成；小穗含2~5朵花（含4~5朵花时则被第一内苞包裹的1~2朵花常不开放）；外苞长2.5~3.5毫米，长圆状宽卵形（草质部呈卵形或长圆形），第一内苞长6~6.5毫米；萼长6~7毫米，漏斗状，萼筒径约1毫米，全部或下半部沿脉密被长毛，萼檐初时淡紫红或粉红色，后来变白，宽为花萼全长的一半（3~3.5毫米），开张幅径与萼的长度相等，裂片宽短而先端通常圆，偶可有一易落的软尖，间生裂片明显，脉不达于裂片顶缘（向上变为无色），沿脉被微柔毛或变无毛；花冠黄色。花期5月下旬至7月，果期6~8月。

观赏资源植物
烟台补血草 *Limonium franchetii*

白花丹科 Plumbaginaceae
补血草属 *Limonium*

多年生草本，高15～60厘米，全株（除萼外）无毛。叶基生，有时花序轴下部1～6节上有叶，倒卵状长圆形至长圆状披针形，长1～6厘米，宽0.3～2厘米，先端通常圆或钝，下部渐狭成扁平的柄。花序伞房状或圆锥状，花序轴通常单生，罕为2～6枚，粗壮，通常圆柱状而有多数细条棱，自中部或中下部作数回分枝，末级小枝圆或略有棱角；不育枝少，通常简单，位于主轴中部及一些分叉处，有时几无不育枝；穗状花序有柄至无柄，排列在花序分枝的上部至顶端，常靠近，由3～7个小穗紧密排列而成；小穗含2～3朵花；外苞长3.5～4.5毫米，倒卵形（草质部呈倒卵形或倒卵状匙形，上端比基部宽），花后往往弓曲而致上端2～3裂，第一内苞长7～8毫米，草质部呈长圆形；萼长7～8毫米，漏斗状，萼筒径约1.5毫米，几全部沿脉（有时也在下部的脉间）密被长毛，萼檐淡紫红色变白色，宽3.5～4毫米（占花萼长度的一半），开张幅径与萼的长度相等，裂片宽短而先端圆，通常有一易落的软尖，间生裂片明显，脉伸至裂片基部或接近顶缘处变为无色，沿脉被微柔毛；花冠淡紫色（有时上部无色）。花期5月下旬至7月上旬，果期6～8月。

观赏资源植物	菊科 Asteraceae
桃叶鸦葱 *Scorzonera sinensis*	蛇鸦葱属 *Scorzonera*

多年生草本，高5~53厘米。根垂直直伸，粗壮，粗达1.5厘米，褐色或黑褐色，通常不分枝，极少分枝。茎直立，簇生或单生，不分枝，光滑无毛；茎基被稠密的纤维状撕裂的鞘状残遗物。基生叶宽卵形、宽披针形、宽椭圆形、倒披针形、椭圆状披针形、线状长椭圆形或线形，包括叶柄长可达33厘米，短可至4厘米，宽0.3~5厘米，顶端急尖、渐尖或钝或圆形，向基部渐狭成长或短柄，柄基鞘状扩大，两面光滑无毛，离基三至五出脉，侧脉纤细，边缘皱波状；茎生叶少数，鳞片状，披针形或钻状披针形，基部心形，半抱茎或贴茎。头状花序单生茎顶；总苞圆柱状，直径约1.5厘米；总苞片约5层，外层三角形或偏斜三角形，长0.8~1.2厘米，宽5~6毫米，中层长披针形，长约1.8厘米，宽约0.6毫米，内层长椭圆状披针形，长1.9厘米，宽2.5毫米；全部总苞片外面光滑无毛，顶端钝或急尖。舌状小花黄色。瘦果圆柱状，有多数高起纵肋，长1.4厘米，肉红色，无毛，无脊瘤；冠毛污黄色，长2厘米，大部羽毛状，羽枝纤细，蛛丝毛状，上端为细锯齿状；冠毛与瘦果连接处有蛛丝状毛环。花果期4~9月。

观赏资源植物
诸葛菜 *Orychophragmus violaceus*

十字花科 Brassicaceae
诸葛菜属 *Orychophragmus*

一年或二年生草本，高10～50厘米，无毛。茎单一，直立，基部或上部稍有分枝，浅绿色或带紫色。基生叶及下部茎生叶大头羽状全裂，顶裂片近圆形或短卵形，长3～7厘米，宽2～3.5厘米，顶端钝，基部心形，有钝齿，侧裂片2～6对，卵形或三角状卵形，长3～10毫米，越向下越小，偶在叶轴上杂有极小裂片，全缘或有牙齿，叶柄长2～4厘米，疏生细柔毛；上部叶长圆形或窄卵形，长4～9厘米，顶端急尖，基部耳状，抱茎，边缘有不整齐牙齿。花紫色、浅红色或褪成白色，直径2～4厘米；花梗长5～10毫米；花萼筒状，紫色，萼片长约3毫米；花瓣宽倒卵形，长1～1.5厘米，宽7～15毫米，密生细脉纹，爪长3～6毫米。长角果线形，长7～10厘米；具4棱，裂瓣有1凸出中脊，喙长1.5～2.5厘米；果梗长8～15毫米；种子卵形至长圆形，长约2毫米，稍扁平，黑棕色，有纵条纹。花期4～5月，果期5～6月。

观赏资源植物	堇菜科 Violaceae
早开堇菜 Viola prionantha	堇菜属 Viola

多年生草本，无地上茎，高10～20厘米。根多条，细长，淡褐色。根状茎垂直。叶多数，均基生，叶在花期长圆状卵形、卵状披针形或窄卵形，长1～4.5厘米，基部微心形、平截或宽楔形，稍下延，幼叶两侧常向内卷折，密生细圆齿，两面无毛或被细毛，果期叶增大，呈三角状卵形，基部常宽心形；叶柄较粗，上部有窄翅，托叶苍白色或淡绿色，干后呈膜质，2/3与叶柄合生，离生部分线状披针形，疏生细齿。花紫堇色或紫色，喉部色淡有紫色条纹，径1.2～1.6厘米；花梗高于叶，近中部有2线形小苞片；萼片披针形或卵状披针形，长6～8毫米，具白色膜质缘，基部附属物末端具不整齐牙齿或近全缘；上方花瓣倒卵形，无须毛，长0.8～1.1厘米，向上反曲，侧瓣长圆状倒卵形，内面基部常有须毛或近无毛，下瓣连距长1.4～2.1厘米，距粗管状，末端微向上弯；柱头顶部平或微凹，两侧及后方圆或具窄缘边，前方具不明显短喙，喙端具较窄的柱头孔。蒴果长椭圆形，无毛。花果期4～9月。

观赏资源植物
荻 *Miscanthus sacchariflorus*

禾本科 Poaceae
芒属 *Miscanthus*

多年生，具发达被鳞片的长匍匐根状茎，节处生有粗根与幼芽。秆直立，高1～1.5米，直径约5毫米，具10多节，节生柔毛。叶鞘无毛，长于或上部者稍短于其节间；叶舌短，长0.5～1毫米，具纤毛；叶片扁平，宽线形，长20～50厘米，宽5～18毫米，除上面基部密生柔毛外两面无毛，边缘锯齿状粗糙，基部常收缩成柄，顶端长渐尖，中脉白色，粗壮。圆锥花序疏展成伞房状，长10～20厘米，宽约10厘米；主轴无毛，具10～20枚较细弱的分枝，腋间生柔毛，直立而后开展；总状花序轴节间长4～8毫米，或具短柔毛；小穗柄顶端稍膨大，基部腋间常生有柔毛，短柄长1～2毫米，长柄长3～5毫米；小穗线状披针形，长5～5.5毫米，成熟后带褐色，基盘具长为小穗2倍的丝状柔毛；第一颖2脊间具1脉或无脉，顶端膜质长渐尖，边缘和背部具长柔毛；第二颖顶端渐尖，与边缘皆为膜质，并具纤毛，有3脉，背部无毛或有少数长柔毛；第一外稃稍短于颖，先端尖，具纤毛；第二外稃狭窄披针形，短于颖片的1/4，顶端尖，具小纤毛，无脉或具1脉，稀有1芒状尖头；第二内稃长约为外稃之半，具纤毛；雄蕊3枚，花药长约2.5毫米；柱头紫黑色，自小穗中部以下的两侧伸出。颖果长圆形，长1.5毫米。花果期8～10月。

观赏资源植物

迎春花 *Jasminum nudiflorum*

木樨科 Oleaceae

素馨属 *Jasminum*

落叶灌木，直立或匍匐，高0.3～5米，枝条下垂。枝稍扭曲，光滑无毛，小枝四棱形，棱上多少具狭翼。叶对生，三出复叶，小枝基部常具单叶；叶轴具狭翼，叶柄长3～10毫米，无毛；叶片和小叶片幼时两面稍被毛，老时仅叶缘具睫毛；小叶片卵形、长卵形或椭圆形，狭椭圆形，稀倒卵形，先端锐尖或钝，具短尖头，基部楔形，叶缘反卷，中脉在上面微凹入，下面突起，侧脉不明显；顶生小叶片较大，长1～3厘米，宽0.3～1.1厘米，无柄或基部延伸成短柄，侧生小叶片长0.6～2.3厘米，宽0.2～11厘米，无柄；单叶为卵形或椭圆形，有时近圆形，长0.7～2.2厘米，宽0.4～1.3厘米。花单生于去年生小枝的叶腋，稀生于小枝顶端；苞片小叶状，披针形、卵形或椭圆形，长3～8毫米，宽1.5～4毫米；花梗长2～3毫米；花萼绿色，裂片5～6枚，窄披针形，长4～6毫米，宽1.5～2.5毫米，先端锐尖；花冠黄色，径2～2.5厘米，花冠管长0.8～2厘米，基部直径1.5～2毫米，向上渐扩大，裂片5～6枚，长圆形或椭圆形，长0.8～1.3厘米，宽3～6毫米，先端锐尖或圆钝。花期6月。

观赏资源植物
小叶巧玲花 Syringa pubescens subsp. microphylla

木樨科 Oleaceae
丁香属 Syringa

灌木，高1~4米。树皮灰褐色。小枝、花序轴近圆柱形，连同花梗、花萼呈紫色，被微柔毛或短柔毛，稀密被短柔毛或近无毛。叶片卵形、椭圆状卵形至披针形或近圆形、倒卵形，长1.5~8厘米，宽1~5厘米，先端锐尖至渐尖或钝，基部宽楔形至圆形，叶缘具睫毛，上面深绿色，无毛，稀有疏被短柔毛，下面淡绿色，被短柔毛、柔毛至无毛，常沿叶脉或叶脉基部密被或疏被柔毛，或为须状柔毛；叶柄长0.5~2厘米，细弱，无毛或被柔毛。圆锥花序直立，通常由侧芽抽生，稀顶生，长5~16厘米，宽3~5厘米；花序轴与花梗、花萼略带紫红色，无毛，稀有略被柔毛或短柔毛；花序轴近圆柱形；花梗短；花萼长1.5~2毫米，截形或萼齿锐尖、渐尖或钝；花冠紫红色，盛开时外面呈淡紫红色，内带白色，长0.8~1.7厘米，花冠管近圆柱形，长0.6~1.3厘米，裂片长2~4毫米；花药紫色或紫黑色，着生于距花冠管喉部0~3毫米处。果通常为长椭圆形，长0.7~2厘米，宽3~5毫米，先端锐尖或具小尖头，或渐尖，皮孔明显。花期5~6月，果期7~9月。

观赏资源植物	百合科 Liliaceae
山丹 *Lilium pumilum*	**百合属** *Lilium*

鳞茎卵形或圆锥形，高2.5～4.5厘米，直径2～3厘米；鳞片矩圆形或长卵形，长2～3.5厘米，宽1～1.5厘米，白色。茎高15～60厘米，有小乳头状突起，有的带紫色条纹。叶散生于茎中部，条形，长3.5～9厘米，宽1.5～3毫米，中脉下面突出，边缘有乳头状突起。花单生或数朵排成总状花序，鲜红色，通常无斑点，有时有少数.斑点，下垂；花被片反卷，长4～4.5厘米，宽0.8～1.1厘米，蜜腺两边有乳头状突起；花丝长1.2～2.5厘米，无毛，花药长椭圆形，长约1厘米，黄色，花粉近红色；子房圆柱形，长0.8～1厘米；花柱长1.2～1.6厘米，稍长于子房或长1倍多，柱头膨大，径5毫米，3裂。蒴果矩圆形，长2厘米，宽1.2～1.8厘米。花期7～8月，果期9～10月。

观赏资源植物	豆科 Fabaceae
合欢 *Albizia julibrissin*	**合欢属** *Albizia*

落叶乔木，高可达16米，树冠开展。小枝有棱角，嫩枝、花序和叶轴被绒毛或短柔毛。托叶线状披针形，较小叶小，早落；二回羽状复叶，总叶柄近基部及最顶一对羽片着生处各有1枚腺体；羽片4～12对，栽培的有时达20对；小叶10～30对，线形至长圆形，长6～12毫米，宽1～4毫米，向上偏斜，先端有小尖头，有缘毛，有时在下面或仅中脉上有短柔毛；中脉紧靠上边缘。头状花序于枝顶排成圆锥花序；花粉红色；花萼管状，长3毫米；花冠长8毫米，裂片三角形，长1.5毫米，花萼、花冠外均被短柔毛；花丝长2.5厘米。荚果带状，长9～15厘米，宽1.5～2.5厘米，嫩荚有柔毛，老荚无毛。花期6～7月，果期8～10月。

观赏资源植物	豆科 Fabaceae
大花野豌豆 *Vicia bungei*	野豌豆属 *Vicia*

一年、二年生缠绕或匍匐伏草本，高15~50厘米。茎有棱，多分枝，近无毛偶数羽状复叶顶端卷须有分枝。托叶半箭头形，长0.3~0.7厘米，有锯齿；小叶3~5对，长圆形或狭倒卵长圆形，长1~2.5厘米，宽0.2~0.8厘米，先端平截微凹，稀齿状，上面叶脉不甚清晰，下面叶脉明显被疏柔毛。总状花序长于叶或与叶轴近等长；具花2~5朵，着生于花序轴顶端，长2~2.5厘米，萼钟形，被疏柔毛，萼齿披针形；花冠红紫色或金蓝紫色，旗瓣倒卵披针形，先端微缺，翼瓣短于旗瓣，长于龙骨瓣；子房柄细长，沿腹缝线被金色绢毛，花柱上部被长柔毛。荚果扁长圆形，长2.5~3.5厘米，宽约0.7厘米；种子2~8颗，球形，直径约0.3厘米。花期4~5月，果期6~7月。

观赏资源植物	唇形科 Lamiaceae
多花筋骨草 *Ajuga multiflora*	筋骨草属 *Ajuga*

多年生草本。茎直立，不分枝，高6~20厘米，四棱形，密被灰白色绵毛状长柔毛，幼嫩部分尤密。基生叶具柄，柄长0.7~2厘米，茎上部叶无柄；叶片均纸质，椭圆状长圆形或椭圆状卵圆形，长1.5~4厘米，宽1~1.5厘米，先端钝或微急尖，基部楔状下延，抱茎，边缘有不甚明显的波状齿或波状圆齿，具长柔毛状缘毛，上面密被下面疏被柔毛状糙伏毛，脉三或五出，两面突起。轮伞花序自茎中部向上渐靠近，至顶端呈一密集的穗状聚伞花序；苞叶大，下部者与茎叶同形，向上渐小，呈披针形或卵形，渐变为全缘；花梗极短，被柔毛；花萼宽钟形，长5~7毫米，外面被绵毛状长柔毛，内面无毛，萼齿5，整齐，钻状三角形，长为花萼的2/3，先端锐尖，具柔毛状缘毛；花冠蓝紫色或蓝色，筒状，长1~1.2厘米，内外两面被微柔毛，内面近基部有毛环，冠檐二唇形，上唇短，直立，先端2裂，裂片圆形，下唇伸长，宽大，3裂，中裂片扇形，侧裂片长圆形；雄蕊4，二强，伸出，微弯，花丝粗壮，具长柔毛；花柱细长，微弯，超出雄蕊，上部被疏柔毛，先端2浅裂，裂片细尖；花盘环状，裂片不明显，前面呈指状膨大；子房顶端被微柔毛。小坚果倒卵状三棱形，背部具网状皱纹，腹部中间隆起，具1大果脐，其长度占腹面2/3，边缘被微柔毛。花期4~5月，果期5~6月。

用材资源植物
毛泡桐 Paulownia tomentosa

泡桐科 Paulowniaceae
泡桐属 Paulownia

乔木高达20米，树冠宽大伞形，树皮褐灰色。小枝有明显皮孔，幼时常具黏质短腺毛。叶片心脏形，长达40厘米，顶端锐尖头，全缘或波状浅裂，上面毛稀疏，下面毛密或较疏，老叶下面的灰褐色树枝状毛常具柄和3～12条细长丝状分枝，新枝上的叶较大，其毛常不分枝，有时具黏质腺毛；叶柄常有黏质短腺毛。花序枝的侧枝不发达，长约中央主枝之半或稍短，故花序为金字塔形或狭圆锥形，长一般在50厘米以下，少有更长，小聚伞花序的总花梗长1～2厘米，几与花梗等长，具花3～5朵；萼浅钟形，长约1.5厘米，外面绒毛不脱落，分裂至中部或裂过中部，萼齿卵状长圆形，在花中锐头或稍钝头至果中钝头；花冠紫色，漏斗状钟形，长5～7.5厘米，在离管基部约5毫米处弓曲，向上突然膨大，外面有腺毛，内面几无毛，檐部2唇形，直径小于5厘米；雄蕊长达2.5厘米；子房卵圆形，有腺毛，花柱短于雄蕊。蒴果卵圆形，幼时密生黏质腺毛，长3～4.5厘米，宿萼不反卷，果皮厚约1毫米；种子连翅长2.5～4毫米。花期4～5月，果期8～9月。

用材资源植物
水杉 *Metasequoia glyptostroboides*

杉科 Taxodiaceae
水杉属 *Metasequoia*

乔木，高达35米，胸径达2.5米。树干基部常膨大。树皮灰色、灰褐色或暗灰色，幼树裂成薄片脱落，大树裂成长条状脱落，内皮淡紫褐色。枝斜展，小枝下垂，幼树树冠尖塔形，老树树冠广圆形，枝叶稀疏；一年生枝光滑无毛，幼时绿色，后渐变成淡褐色，二年、三年生枝淡褐灰色或褐灰色；侧生小枝排成羽状，冬季凋落。主枝上的冬芽卵圆形或椭圆形，顶端钝，长约4毫米，径3毫米，芽鳞宽卵形，先端圆或钝，长宽几相等，2~2.5毫米，边缘薄而色浅，背面有纵脊。叶条形，长0.8~3.5（常为1.3~2）厘米，宽1~2.5（常为1.5~2）毫米，上面淡绿色，下面色较淡，沿中脉有两条较边带稍宽的淡黄色气孔带，每带有4~8条气孔线，叶在侧生小枝上列成2列，羽状，冬季与枝一同脱落。球果下垂，近四棱状球形或矩圆状球形，成熟前绿色，熟时深褐色，梗长2~4厘米，其上有交对生的条形叶；种鳞木质，盾形，通常11~12对，交叉对生，鳞顶扁菱形，中央有1条横槽，基部楔形，能育种鳞有5~9粒种子；种子扁平，倒卵形，间或圆形或矩圆形，周围有翅，先端有凹缺，长约5毫米，径4毫米；子叶2枚，条形，长1.1~1.3厘米，宽1.5~2毫米，两面中脉微隆起，上面有气孔线，下面无气孔线；初生叶条形，交叉对生，下面有气孔线。花期2月下旬，果熟期11月。

用材资源植物	桑科 Moraceae
桑 *Morus alba*	桑属 *Morus*

乔木或为灌木，高3~10米或更高，胸径可达50厘米。树皮厚，灰色，具不规则浅纵裂。冬芽红褐色，卵形，芽鳞覆瓦状排列，灰褐色，有细毛。小枝有细毛。叶卵形或广卵形，长5~15厘米，宽5~12厘米，先端急尖、渐尖或圆钝，基部圆形至浅心形，边缘锯齿粗钝，有时叶为各种分裂，表面鲜绿色，无毛，背面沿脉有疏毛，脉腋有簇毛；叶柄长1.5~5.5厘米，具柔毛；托叶披针形，早落，外面密被细硬毛。花单性，腋生或生于芽鳞腋内，与叶同时生出；雄花序下垂，长2~3.5厘米，密被白色柔毛，雄花花被片宽椭圆形，淡绿色，花丝在芽时内折，花药2室，球形至肾形，纵裂；雌花序长1~2厘米，被毛，总花梗长5~10毫米被柔毛，雌花无梗，花被片倒卵形，顶端圆钝，外面和边缘被毛，两侧紧抱子房，无花柱，柱头2裂，内面有乳头状突起。聚花果卵状椭圆形，长1~2.5厘米，成熟时红色或暗紫色。花期4~5月，果期5~8月。

用材资源植物	松科 Pinaceae
雪松 *Cedrus deodara*	雪松属 *Cedrus*

乔木，高达50米，胸径达3米。树皮深灰色，裂成不规则的鳞状块片。枝平展、微斜展或微下垂，基部宿存芽鳞向外反曲，小枝常下垂，一年生长枝淡灰黄色，密生短绒毛，微有白粉，二年、三年生枝呈灰色、淡褐灰色或深灰色。叶在长枝上辐射伸展，短枝之叶成簇生状（每年生出新叶15～20枚），针形，坚硬，淡绿色或深绿色，长2.5～5厘米，宽1～1.5毫米，上部较宽，先端锐尖，下部渐窄，常呈三棱形，稀背脊明显，叶之腹面两侧各有2～3条气孔线，背面4～6条，幼时气孔线有白粉。雄球花长卵圆形或椭圆状卵圆形，长2～3厘米，径约1厘米；雌球花卵圆形，长约8毫米，径约5毫米。球果成熟前淡绿色，微有白粉，熟时红褐色，卵圆形或宽椭圆形，长7～12厘米，径5～9厘米，顶端圆钝，有短梗；中部种鳞扇状倒三角形，长2.5～4厘米，宽4～6厘米，上部宽圆，边缘内曲，中部楔状，下部耳形，基部爪状，鳞背密生短绒毛；苞鳞短小；种子近三角状，种翅宽大，较种子长，连同种子长2.2～3.7厘米。花期10～11月，球果翌年10月成熟。

用材资源植物	桑科 Moraceae
柘 *Maclura tricuspidata*	柘属 *Maclura*

落叶灌木或小乔木，高1～7米。树皮灰褐色。小枝无毛，略具棱，有棘刺，刺长5～20毫米。冬芽赤褐色。叶卵形或菱状卵形，偶为3裂，长5～14厘米，宽3～6厘米，先端渐尖，基部楔形至圆形，表面深绿色，背面绿白色，无毛或被柔毛，侧脉4～6对；叶柄长1～2厘米，被微柔毛。雌雄异株，雌雄花序均为球形头状花序，单生或成对腋生，具短总花梗；雄花序直径0.5厘米，雄花有苞片2枚，附着于花被片上，花被片4，肉质，先端肥厚，内卷，内面有黄色腺体2个，雄蕊4，与花被片对生，花丝在花芽时直立，退化雌蕊锥形；雌花序直径1～1.5厘米，花被片与雄花同数，花被片先端盾形，内卷，内面下部有2黄色腺体，子房埋于花被片下部。聚花果近球形，直径约2.5厘米，肉质，成熟时橘红色。花期5～6月，果期6～7月。

用材资源植物
梧桐 Firmiana simplex

梧桐科 Sterculiaceae
梧桐属 Firmiana

落叶乔木，高达16米。树皮青绿色，平滑。叶心形，掌状3~5裂，直径15~30厘米，裂片三角形，顶端渐尖，基部心形，两面均无毛或略被短柔毛，基生脉7条，叶柄与叶片等长。圆锥花序顶生，长20~50厘米，下部分枝长达12厘米，花淡黄绿色；萼5深裂几至基部，萼片条形，向外卷曲，长7~9毫米，外面被淡黄色短柔毛，内面仅在基部被柔毛；花梗与花几等长；雄花的雌雄蕊柄与萼等长，下半部较粗，无毛，花药15个不规则地聚集在雌雄蕊柄的顶端，退化子房梨形且甚小；雌花的子房圆球形，被毛。蓇葖果膜质，有柄，成熟前开裂成叶状，长6~11厘米，宽1.5~2.5厘米，外面被短茸毛或几无毛，每蓇葖果有种子2~4颗；种子圆球形，表面有绉纹，直径约7毫米。花期6月。

用材资源植物

山皂荚 *Gleditsia japonica*

豆科 Fabaceae

皂荚属 *Gleditsia*

落叶乔木或小乔木，高达25米。小枝紫褐色或脱皮后呈灰绿色，微有棱，具分散的白色皮孔，光滑无毛；刺略扁，粗壮，紫褐色至棕黑色，常分枝，长2～15.5厘米。叶为一回或二回羽状复叶，长11～25厘米，具羽片2～6对；小叶3～10对，纸质至厚纸质，卵状长圆形或卵状披针形至长圆形，长2～9厘米，宽1～4厘米（二回羽状复叶的小叶显著小于一回羽状复叶的小叶），先端圆钝，有时微凹，基部阔楔形或圆形，微偏斜，全缘或具波状疏圆齿，上面被短柔毛或无毛，微粗糙，有时有光泽，下面基部及中脉被微柔毛，老时毛脱落；网脉不明显；小叶柄极短。花黄绿色，组成穗状花序；花序腋生或顶生，被短柔毛，雄花序长8～20厘米，雌花序长5～16厘米；雄花直径5～6毫米，花托长1.5毫米，深棕色，外面密被褐色短柔毛，萼片3～4枚，三角状披针形，长约2毫米，两面均被柔毛，花瓣4，椭圆形，长约2毫米，被柔毛，雄蕊6～9；雌花直径5～6毫米，花托长约2毫米，萼片和花瓣均为4～5枚，形状与雄花的相似，长约3毫米，两面密被柔毛，不育雄蕊4～8，子房无毛，花柱短，下弯，柱头膨大，2裂，胚珠多数。荚果带形，扁平，长20～35厘米，宽2～4厘米，不规则旋扭或弯曲作镰刀状，先端具长5～15毫米的喙，果颈长1.5～5厘米，果瓣革质，棕色或棕黑色，常具泡状隆起，无毛，有光泽；种子多数，椭圆形，长9～10毫米，宽5～7毫米，深棕色，光滑。花期4～6月，果期6～11月。

用材资源植物	无患子科 Sapindaceae
栾 Koelreuteria paniculata	栾树属 Koelreuteria

落叶乔木或灌木。树皮厚，灰褐色至灰黑色，老时纵裂；皮孔小，灰至暗褐色。小枝具疣点，与叶轴、叶柄均被皱曲的短柔毛或无毛。叶丛生于当年生枝上，平展，一回、不完全二回或偶有为二回羽状复叶，长可达50厘米；小叶7～18片（顶生小叶有时与最上部的一对小叶在中部以下合生），无柄或具极短的柄，对生或互生，纸质，卵形、阔卵形至卵状披针形，长3～10厘米，宽3～6厘米，顶端短尖或短渐尖，基部钝至近截形，边缘有不规则的钝锯齿，齿端具小尖头，有时近基部的齿疏离呈缺刻状，或羽状深裂达中肋而形成二回羽状复叶，上面仅中脉上散生皱曲的短柔毛，下面在脉腋具髯毛，有时小叶背面被茸毛。聚伞圆锥花序长25～40厘米，密被微柔毛，分枝长而广展，在末次分枝上的聚伞花序具花3～6朵，密集呈头状；苞片狭披针形，被小粗毛；花淡黄色，稍芬芳；花梗长2.5～5毫米；萼裂片卵形，边缘具腺状缘毛，呈啮蚀状；花瓣4，开花时向外反折，线状长圆形，长5～9毫米，瓣爪长1～2.5毫米，被长柔毛，瓣片基部的鳞片初时黄色，开花时橙红色，被疣状皱曲的毛；雄蕊8枚，在雄花中的长7～9毫米，雌花中的长4～5毫米，花丝下半部密被白色、开展的长柔毛；花盘偏斜，有圆钝小裂片；子房三棱形，除棱上具缘毛外无毛，退化子房密被小粗毛。蒴果圆锥形，具3棱，长4～6厘米，顶端渐尖，果瓣卵形，外面有网纹，内面平滑且略有光泽；种子近球形，直径6～8毫米。花期6～8月，果期9～10月。

用材资源植物	榆科 Ulmaceae
刺榆 *Hemiptelea davidii*	刺榆属 *Hemiptelea*

小乔木，高可达10米，或呈灌木状。树皮深灰色或褐灰色，不规则的条状深裂。小枝灰褐色或紫褐色，被灰白色短柔毛，具粗而硬的棘刺；刺长2～10厘米。冬芽常3个聚生于叶腋，卵圆形。叶椭圆形或椭圆状矩圆形，稀倒卵状椭圆形，长4～7厘米，宽1.5～3厘米，先端急尖或钝圆，基部浅心形或圆形，边缘有整齐的粗锯齿，叶面绿色，幼时被毛，后脱落残留有稍隆起的圆点，叶背淡绿色，光滑无毛，或在脉上有稀疏的柔毛，侧脉8～12对，排列整齐，斜直出至齿尖；叶柄短，长3～5毫米，被短柔毛；托叶矩圆形、长矩圆形或披针形，长3～4毫米，淡绿色，边缘具睫毛。小坚果黄绿色，斜卵圆形，两侧扁，长5～7毫米，在背侧具窄翅，形似鸡头，翅端渐狭呈缘状，果梗纤细，长2～4毫米。花期4～5月，果期9～10月。

用材资源植物
青杆 *Picea wilsonii*

松科 Pinaceae
云杉属 *Picea*

乔木，高达50米，胸径达1.3米。树皮灰色或暗灰色，裂成不规则鳞状块片脱落。枝条近平展，树冠塔形；一年生枝淡黄绿色或淡黄灰色，无毛，稀有疏生短毛，二年、三年生枝淡灰色、灰色或淡褐灰色。冬芽卵圆形，无树脂，芽鳞排列紧密，淡黄褐色或褐色，先端钝，背部无纵脊，光滑无毛，小枝基部宿存芽鳞的先端紧贴小枝。叶排列较密，在小枝上部向前伸展，小枝下面之叶向两侧伸展，四棱状条形，直或微弯，较短，通常长0.8～1.8厘米，宽1.2～1.7毫米，先端尖，横切面四棱形或扁菱形，四面各有气孔线4～6条，微具白粉。球果卵状圆柱形或圆柱状长卵圆形，成熟前绿色，熟时黄褐色或淡褐色，长5～8厘米，径2.5～4厘米；中部种鳞倒卵形，长1.4～1.7厘米，宽1～1.4厘米，先端圆或有急尖头，或呈钝三角形，或具突起截形之尖头，基部宽楔形，鳞背露出部分无明显的槽纹，较平滑；苞鳞匙状矩圆形，先端钝圆，长约4毫米；种子倒卵圆形，长3～4毫米，连翅长1.2～1.5厘米，种翅倒宽披针形，淡褐色，先端圆；子叶6～9枚，条状钻形，长1.5～2厘米，棱上有极细的齿毛；初生叶四棱状条形，长0.4～1.3厘米，先端有渐尖的长尖头，中部以上有整齐的细齿毛。花期4月，球果10月成熟。

用材资源植物	松科 Pinaceae
黑松 *Pinus thunbergii*	松属 *Pinus*

乔木，高达30米，胸径可达2米。幼树树皮暗灰色，老则灰黑色，粗厚，裂成块片脱落。枝条开展，树冠宽圆锥状或伞形。一年生枝淡褐黄色，无毛。冬芽银白色，圆柱状椭圆形或圆柱形，顶端尖，芽鳞披针形或条状披针形，边缘白色丝状。针叶2针一束，深绿色，有光泽，粗硬，长6～12厘米，径1.5～2毫米，边缘有细锯齿，背腹面均有气孔线；横切面皮下层细胞1或2层、连续排列，两角上2至4层，树脂道6～11个，中生。雄球花淡红褐色，圆柱形，长1.5～2厘米，聚生于新枝下部；雌球花单生或2～3个聚生于新枝近顶端，直立，有梗，卵圆形，淡紫红色或淡褐红色。球果成熟前绿色，熟时褐色，圆锥状卵圆形或卵圆形，长4～6厘米，径3～4厘米，有短梗，向下弯垂；中部种鳞卵状椭圆形，鳞盾微肥厚，横脊显著，鳞脐微凹，有短刺；种子倒卵状椭圆形，长5～7毫米，径2～3.5毫米，连翅长1.5～1.8厘米，种翅灰褐色，有深色条纹；子叶5～10（多为7～8）枚，长2～4厘米，初生叶条形，长约2厘米，叶缘具疏生短刺毛，或近全缘。花期4～5月，果熟期翌年10月。

用材资源植物
侧柏 Platycladus orientalis

柏科 Cupressaceae
侧柏属 Platycladus

乔木,高达20余米,胸径1米。树皮薄,浅灰褐色,纵裂成条片。枝条向上伸展或斜展,幼树树冠卵状尖塔形,老树树冠则为广圆形;生鳞叶的小枝细,向上直展或斜展,扁平,排成一平面。叶鳞形,长1~3毫米,先端微钝,小枝中央的叶的露出部分呈倒卵状菱形或斜方形,背面中间有条状腺槽,两侧的叶船形,先端微内曲,背部有钝脊,尖头的下方有腺点。雄球花黄色,卵圆形,长约2毫米;雌球花近球形,径约2毫米,蓝绿色,被白粉。球果近卵圆形,长1.5~2.5厘米,成熟前近肉质,蓝绿色,被白粉,成熟后木质,开裂,红褐色;中间两对种鳞倒卵形或椭圆形,鳞背顶端的下方有一向外弯曲的尖头,上部1对种鳞窄长,近柱状,顶端有向上的尖头,下部1对种鳞极小,长达13毫米,稀退化而不显著;种子卵圆形或近椭圆形,顶端微尖,灰褐色或紫褐色,长6~8毫米,稍有棱脊,无翅或有极窄之翅。花期3~4月,果熟期10月。

用材资源植物	杨柳科 Salicaceae
毛白杨 *Populus tomentosa*	杨属 *Populus*

乔木，高达30米。树皮幼时暗灰色，壮时灰绿色，渐变为灰白色，老时基部黑灰色，纵裂，粗糙，干直或微弯，皮孔菱形散生，或2～4连生。树冠圆锥形至卵圆形或圆形。侧枝开展，雄株斜上，老树枝下垂；小枝（嫩枝）初被灰毡毛，后光滑。芽卵形，花芽卵圆形或近球形，微被毡毛。长枝叶阔卵形或三角状卵形，长10～15厘米，宽8～13厘米，先端短渐尖，基部心形或截形，边缘深齿牙缘或波状齿牙缘，上面暗绿色，光滑，下面密生毡毛，后渐脱落；叶柄上部侧扁，长3～7厘米，顶端通常有2～4个腺点；短枝叶通常较小，长7～11厘米，宽6.5～10.5厘米（有时长达18厘米，宽15厘米），卵形或三角状卵形，先端渐尖，上面暗绿色有金属光泽，下面光滑，具深波状齿牙缘；叶柄稍短于叶片，侧扁，先端无腺点。雄花序长10～20厘米，雄花苞片约具10个尖头，密生长毛，雄蕊6～12，花药红色；雌花序长4～7厘米，苞片褐色，尖裂，沿边缘有长毛；子房长椭圆形，柱头2裂，粉红色。果序长达14厘米；蒴果圆锥形或长卵形，2瓣裂。花期3月，果期4月。

用材资源植物

麻栎 *Quercus acutissima*

壳斗科 Fagaceae
栎属 *Quercus*

落叶乔木，高达30米，胸径达1米。树皮深灰褐色，深纵裂。幼枝被灰黄色柔毛，后渐脱落，老时灰黄色，具淡黄色皮孔。冬芽圆锥形，被柔毛。叶片形态多样，通常为长椭圆状披针形，长8～19厘米，宽2～6厘米，顶端长渐尖，基部圆形或宽楔形，叶缘有刺芒状锯齿，叶片两面同色，幼时被柔毛，老时无毛或叶背面脉上有柔毛，侧脉每边13～18条；叶柄长1～5厘米，幼时被柔毛，后渐脱落。雄花序常数个集生于当年生枝下部叶腋，有花1～3朵，花柱3。壳斗杯形，包着坚果约1/2，连小苞片直径2～4厘米，高约1.5厘米；小苞片钻形或扁条形，向外反曲，被灰白色绒毛。坚果卵形或椭圆形，直径1.5～2厘米，高1.7～2.2厘米，顶端圆形，果脐突起。花期3～4月，果期翌年9～10月。

用材资源植物	壳斗科 Fagaceae
槲树 *Quercus dentata*	栎属 *Quercus*

落叶乔木，高达25米，树皮暗灰褐色，深纵裂。小枝粗壮，有沟槽，密被灰黄色星状绒毛；芽宽卵形，密被黄褐色绒毛。叶片倒卵形或长倒卵形，长10～30厘米，宽6～20厘米，顶端短钝尖，叶面深绿色，基部耳形，叶缘波状裂片或粗锯齿，幼时被毛，后渐脱落，叶背面密被灰褐色星状绒毛，侧脉每边4～10条；托叶线状披针形，长1.5厘米；叶柄长2～5毫米，密被棕色绒毛。雄花序生于新枝叶腋，长4～10厘米，花序轴密被淡褐色绒毛，花数朵簇生于花序轴上；花被7～8裂，雄蕊通常8～10个；雌花序生于新枝上部叶腋，长1～3厘米。壳斗杯形，包着坚果1/3～1/2，连小苞片直径2～5厘米，高0.2～2厘米；小苞片革质，窄披针形，长约1厘米，反曲或直立，红棕色，外面被褐色丝状毛，内面无毛；坚果卵形至宽卵形，直径1.2～1.5厘米，高1.5～2.3厘米，无毛，有宿存花柱。花期4～5月，果期9～10月。

用材资源植物	壳斗科 Fagaceae
蒙古栎 *Quercus mongolica*	栎属 *Quercus*

落叶乔木，高达30米。树皮灰褐色，纵裂。幼枝紫褐色，有棱，无毛。顶芽长卵形，微有棱，芽鳞紫褐色，有缘毛。叶片倒卵形至长倒卵形，长7～19厘米，宽3～11厘米，顶端短钝尖或短突尖，基部窄圆形或耳形，叶缘7～10对钝齿或粗齿，幼时沿脉有毛，后渐脱落，侧脉每边7～11条；叶柄长2～8毫米，无毛。雄花序生于新枝下部，长5～7厘米，花序轴近无毛；花被6～8裂，雄蕊通常8～10枚；雌花序生于新枝上端叶腋，长约1厘米，有花4～5朵，通常只1～2朵发育，花被6裂，花柱短，柱头3裂。壳斗杯形，包着坚果1/3～1/2，直径1.5～1.8厘米，高0.8～1.5厘米，壳斗外壁小苞片三角状卵形，呈半球形瘤状突起，密被灰白色短绒毛，伸出口部边缘呈流苏状；坚果卵形至长卵形，直径1.3～1.8厘米，高2～2.3厘米，无毛，果脐微突起。花期4～5月，果期9月。

用材资源植物
刺槐 *Robinia pseudoacacia*

豆科 Fabaceae
刺槐属 *Robinia*

落叶乔木，高10～25米。树皮灰褐色至黑褐色，浅裂至深纵裂，稀光滑。小枝灰褐色，幼时有棱脊，微被毛，后无毛；具托叶刺，长达2厘米。冬芽小，被毛。羽状复叶长10～40厘米；叶轴上面具沟槽；小叶2～12对，常对生，椭圆形、长椭圆形或卵形，长2～5厘米，宽1.5～2.2厘米，先端圆，微凹，具小尖头，基部圆至阔楔形，全缘，上面绿色，下面灰绿色，幼时被短柔毛，后变无毛；小叶柄长1～3毫米；小托叶针芒状。总状花序腋生，下垂，花多数，芳香；苞片早落；花梗长7～8毫米；花萼斜钟状，萼齿5枚，三角形至卵状三角形，密被柔毛；花冠白色，各瓣均具瓣柄，旗瓣近圆形，先端凹缺，基部圆，反折，内有黄斑，翼瓣斜倒卵形，与旗瓣几等长，长约16毫米，基部一侧具圆耳，龙骨瓣镰状，三角形，与翼瓣等长或稍短，前缘合生，先端钝尖；雄蕊二体，对旗瓣的1枚分离；子房线形，长约1.2厘米，无毛，柄长2～3毫米，花柱钻形，长约8毫米，上弯，顶端具毛，柱头顶生。荚果褐色，或具红褐色斑纹，线状长圆形，长5～12厘米，宽1～1.7厘米，扁平，先端上弯，具尖头，果颈短，沿腹缝线具狭翅；花萼宿存，有种子2～15颗；种子褐色至黑褐色，微具光泽，有时具斑纹，近肾形，种脐圆形，偏于一端。花期4～6月，果期8～9月。

用材资源植物
圆柏 *Juniperus chinensis*

柏科 Cupressaceae

刺柏属 *Juniperus*

乔木，高达20米，胸径达3.5米。树皮深灰色，纵裂，成条片开裂。幼树的枝条通常斜上伸展，形成尖塔形树冠，老则下部大枝平展，形成广圆形的树冠；小枝通常直或稍成弧状弯曲，生鳞叶的小枝近圆柱形或近四棱形，径1～1.2毫米。树皮灰褐色，纵裂，裂成不规则的薄片脱落。叶二型，即刺叶及鳞叶；刺叶生于幼树之上，老龄树则全为鳞叶，壮龄树兼有刺叶与鳞叶；生于一年生小枝的一回分枝的鳞叶3叶轮生，直伸而紧密，近披针形，先端微渐尖，长2.5～5毫米，背面近中部有椭圆形微凹的腺体；刺叶3叶交互轮生，斜展，疏松，披针形，先端渐尖，长6～12毫米，上面微凹，有2条白粉带。雌雄异株，稀同株，雄球花黄色，椭圆形，长2.5～3.5毫米，雄蕊5～7对，常有3～4花药。球果近圆球形，径6～8毫米，两年成熟，熟时暗褐色，被白粉或白粉脱落，有1～4粒种子；种子卵圆形，扁，顶端钝，有棱脊及少数树脂槽；子叶2枚，出土，条形，长1.3～1.5厘米，宽约1毫米，先端锐尖，下面有2条白色气孔带，上面则不明显。花期4月，球果翌年1月成熟。

用材资源植物	杨柳科 Salicaceae
旱柳 *Salix matsudana*	柳属 *Salix*

乔木，高达18米，胸径达80厘米。大枝斜上，树冠广圆形。树皮暗灰黑色，有裂沟。枝细长，直立或斜展，浅褐黄色或带绿色，后变褐色，无毛，幼枝有毛。芽微有短柔毛。叶披针形，长5～10厘米，宽1～1.5厘米，先端长渐尖，基部窄圆形或楔形，上面绿色，无毛，有光泽，下面苍白色或带白色，有细腺锯齿缘，幼叶有丝状柔毛；叶柄短，长5～8毫米，在上面有长柔毛；托叶披针形或缺，边缘有细腺锯齿。花序与叶同时开放；雄花序圆柱形，长1.5～3厘米，粗6～8毫米，多少有花序梗，轴有长毛，雄蕊2，花丝基部有长毛，花药卵形，黄色，苞片卵形，黄绿色，先端钝，基部多少有短柔毛，腺体2枚；雌花序较雄花序短，长达2厘米，粗4毫米，有3～5枚小叶生于短花序梗上，轴有长毛，子房长椭圆形，近无柄，无毛，无花柱或很短，柱头卵形，近圆裂，苞片同雄花，腺体2枚，背生和腹生。果序长2～2.5厘米。花期4月，果期4～5月。

用材资源植物	榆科 Ulmaceae
黑弹树 *Celtis bungeana*	朴属 *Celtis*

　　落叶乔木，高达10米，树皮灰色或暗灰色。当年生小枝淡棕色，老后色较深，无毛，散生椭圆形皮孔，去年生小枝灰褐色。冬芽棕色或暗棕色，鳞片无毛。叶厚纸质，狭卵形、长圆形、卵状椭圆形至卵形，长3～15厘米，宽2～5厘米，基部宽楔形至近圆形，稍偏斜至几乎不偏斜，先端尖至渐尖，中部以上疏具不规则浅齿，有时一侧近全缘，无毛；叶柄淡黄色，长5～15毫米，上面有沟槽，幼时槽中有短毛，老后脱净；萌发枝上的叶形变异较大，先端可具尾尖且有糙毛。花小，两性或单性，有柄，聚集成小聚伞花序或圆锥花序；花序生于当年生小枝上，雄花序多生于小枝下部无叶处或下部的叶腋，在杂性花序中，两性花或雌花多生于花序顶端；花被片4～5，仅基部稍合生，脱落；雄蕊与花被片同数；雌蕊具短花柱，柱头2，线形，先端全缘或2裂，子房1室，具1倒生胚珠。果单生叶腋（在极少情况下，一总梗上可具2果），果柄较细软，无毛，长10～25毫米，果成熟时蓝黑色，近球形，直径6～8毫米；核近球形，肋不明显，表面极大部分近平滑或略具网孔状凹陷，直径4～5毫米。花期4～5月，果期10～11月。

有毒资源植物

北马兜铃 Aristolochia contorta

马兜铃科 Aristolochiaceae

马兜铃属 Aristolochia

草质藤本，茎长达2米以上，无毛，干后有纵槽纹。叶纸质，卵状心形或三角状心形，长3~13厘米，宽3~10厘米，顶端短尖或钝，基部心形，两侧裂片圆形，下垂或扩展，长约1.5厘米，边全缘，上面绿色，下面浅绿色，两面均无毛；叶柄柔弱，长2~7厘米。总状花序有花2~8朵或有时仅1朵生于叶腋；花序梗和花序轴极短或近无；花梗长1~2厘米，无毛，基部有小苞片；小苞片卵形，长约1.5厘米，宽约1厘米，具长柄；檐部一侧极短，另一侧渐扩大成舌片；舌片卵状披针形，黄绿色，常具紫色纵脉和网纹；子房圆柱形，长6~8毫米，6棱；合蕊柱顶端6裂，裂片渐尖，向下延伸成波状圆环。蒴果宽倒卵形或椭圆状倒卵形，长3~6.5厘米，直径2.5~4厘米，顶端圆形而微凹，6棱，平滑无毛，成熟时黄绿色，由基部向上6瓣开裂；果梗下垂，长2.5厘米，随果开裂；种子三角状心形，灰褐色，长宽均3~5毫米，扁平，具小疣点，具宽2~4毫米、浅褐色膜质翅。花期5~7月，果期8~10月。根有小毒。

有毒资源植物
大戟 *Euphorbia pekinensis*

大戟科 Euphorbiaceae
大戟属 *Euphorbia*

多年生草本。根圆柱状，长20~30厘米。茎单生或自基部多分枝，每个分枝上部又4~5分枝，高40~90厘米，直径3~7厘米，被柔毛或被少许柔毛或无毛。叶互生，常为椭圆形，少为披针形或披针状椭圆形，变异较大，先端尖或渐尖，基部渐狭或呈楔形或近圆形或近平截，边缘全缘；主脉明显，侧脉羽状，不明显，叶两面无毛或有时叶背具少许柔毛或被较密的柔毛，变化较大且不稳定；总苞叶4~7枚，长椭圆形，先端尖，基部近平截；伞幅4~7，长2~5厘米；苞叶2枚，近圆形，先端具短尖头，基部平截或近平截。花序单生于二歧分枝顶端，无柄；总苞杯状，高约3.5毫米，直径3.5~4毫米，边缘4裂，裂片半圆形，边缘具不明显的缘毛；腺体4枚，半圆形或肾状圆形，淡褐色；雄花多数，伸出总苞之外；雌花1枚，具较长的子房柄，柄长3~6毫米；柱头2裂。蒴果球状，长约4.5毫米，直径4~4.5毫米，被稀疏的瘤状突起，成熟时分裂为3个分果片；花柱宿存且易脱落；种子长球状，长约2.5毫米，直径1.5~2.0毫米，暗褐色或微光亮，腹面具浅色条纹；种阜近盾状，无柄。花期5~8月，果期6~9月。根有毒。

有毒资源植物

楝 *Melia azedarach*

楝科 Meliaceae

楝属 *Melia*

落叶乔木，高达10余米。树皮灰褐色，纵裂。分枝广展，小枝有叶痕。叶为二至三回奇数羽状复叶，长20~40厘米；小叶对生，卵形、椭圆形至披针形，顶生一片通常略大，长3~7厘米，宽2~3厘米，先端短渐尖，基部楔形或宽楔形，多少偏斜，边缘有钝锯齿，幼时被星状毛，后两面均无毛，侧脉每边12~16条，广展，向上斜举。圆锥花序约与叶等长，无毛或幼时被鳞片状短柔毛；花芳香；花萼5深裂，裂片卵形或长圆状卵形，先端急尖，外面被微柔毛；花瓣淡紫色，倒卵状匙形，长约1厘米，两面均被微柔毛，通常外面较密；雄蕊管紫色，无毛或近无毛，长7~8毫米，有纵细脉，管口有钻形、2~3齿裂的狭裂片10枚，花药10枚，着生于裂片内侧，且与裂片互生，长椭圆形，顶端微凸尖；子房近球形，5~6室，无毛，每室有胚珠2颗，花柱细长，柱头头状，顶端具5齿，不伸出雄蕊管。核果球形至椭圆形，长1~2厘米，宽8~15毫米，内果皮木质，4~5室，每室有种子1颗；种子椭圆形。花期4~5月，果期10~12月。花、叶、果实、根皮均有毒。

有毒资源植物
南天竹 Nandina domestica

小檗科 Berberidaceae

南天竹属 Nandina

常绿小灌木。茎常丛生而少分枝，高1~3米，光滑无毛，幼枝常为红色，老后呈灰色。叶互生，集生于茎的上部，三回羽状复叶，长30~50厘米；二至三回羽片对生；小叶薄革质，椭圆形或椭圆状披针形，长2~10厘米，宽0.5~2厘米，顶端渐尖，基部楔形，全缘，上面深绿色，冬季变红色，背面叶脉隆起，两面无毛；近无柄。圆锥花序直立，长20~35厘米；花小，白色，具芳香，直径6~7毫米；萼片多轮，外轮萼片卵状三角形，长1~2毫米，向内各轮渐大，最内轮萼片卵状长圆形，长2~4毫米；花瓣长圆形，长约4.2毫米，宽约2.5毫米，先端圆钝；雄蕊6，长约3.5毫米，花丝短，花药纵裂，药隔延伸；子房1室，具1~3枚胚珠。果柄长4~8毫米；浆果球形，直径5~8毫米，熟时鲜红色，稀橙红色，种子扁圆形。花期3~6月，果期5~11月。全株有毒。

有毒资源植物	景天科 Crassulaceae
瓦松 *Orostachys fimbriata*	瓦松属 *Orostachys*

二年生草本。一年生莲座丛的叶短；莲座叶线形，先端增大，为白色软骨质，半圆形，有齿；二年生花茎一般高10~20厘米，小的只长5厘米，高的有时达40厘米；叶互生，疏生，有刺，线形至披针形，长可达3厘米，宽2~5毫米。花序总状，紧密，或下部分枝，可呈宽20厘米的金字塔形；苞片线状渐尖；花梗长达1厘米，萼片5，长圆形，长1~3毫米；花瓣5，红色，披针状椭圆形，长5~6毫米，宽1.2~1.5毫米，先端渐尖，基部1毫米合生；雄蕊10，与花瓣同长或稍短，花药紫色；鳞片5，近四方形，长0.3~0.4毫米，先端稍凹。蓇葖5，长圆形，长5毫米，喙细，长1毫米；种子多数，卵形，细小。花期8~9月，果期9~10月。全株有小毒。

有毒资源植物

杠柳 *Periploca sepium*

夹竹桃科 Apocynaceae

杠柳属 *Periploca*

落叶蔓性灌木，长可达1.5米。主根圆柱状，外皮灰棕色，内皮浅黄色。具乳汁，除花外，全株无毛。茎皮灰褐色。小枝通常对生，有细条纹，具皮孔。叶卵状长圆形，长5~9厘米，宽1.5~2.5厘米，顶端渐尖，基部楔形，叶面深绿色，叶背淡绿色；中脉在叶面扁平，在叶背微突起，侧脉纤细，两面扁平。聚伞花序腋生，着花数朵；花序梗和花梗柔弱；花萼裂片卵圆形，长3毫米，宽2毫米，顶端钝，花萼内面基部有10枚小腺体；花冠紫红色，辐状，张开直径1.5厘米，花冠筒短，约长3毫米，裂片长圆状披针形，中间加厚呈纺锤形，反折，内面被长柔毛，外面无毛；副花冠环状，10裂，其中5裂延伸丝状，被短柔毛，顶端向内弯；雄蕊着生在副花冠内面，并与其合生，花药彼此粘连并包围着柱头，背面被长柔毛；心皮离生，无毛，每心皮有胚珠多个，柱头盘状突起；花粉器匙形，四合花粉藏在载粉器内，粘盘粘连在柱头上。蓇葖2，圆柱状，长7~12厘米，直径约5毫米，无毛，具有纵条纹；种子长圆形，长约7毫米，宽约1毫米，黑褐色，顶端具白色绢质种毛；种毛长3厘米。花期5~6月，果期7~9月。根皮、茎皮有毒。

有毒资源植物

半夏 *Pinellia ternata*

天南星科 Araceae

半夏属 *Pinellia*

块茎圆球形，直径1～2厘米，具须根。叶2～5枚，有时1枚；叶柄长15～20厘米，基部具鞘，鞘内、鞘部以上或叶片基部（叶柄顶头）有直径3～5毫米的珠芽，珠芽在母株上萌发或落地后萌发；幼苗叶片卵状心形至戟形，为全缘单叶，长2～3厘米，宽2～2.5厘米；老株叶片3全裂，裂片绿色，背淡，长圆状椭圆形或披针形，两头锐尖，中裂片长3～10厘米，宽1～3厘米；侧裂片稍短；全缘或具不明显的浅波状圆齿，侧脉8～10对，细弱，细脉网状，密集，集合脉2圈。花序柄长25～35厘米，长于叶柄；佛焰苞绿色或绿白色，管部狭圆柱形，长1.5～2厘米；檐部长圆形，绿色，有时边缘青紫色，长4～5厘米，宽1.5厘米，钝或锐尖，肉穗花序，雌花序长2厘米，雄花序长5～7毫米，其中间隔3毫米；附属器绿色变青紫色，长6～10厘米，直立，有时"S"形弯曲。浆果卵圆形，黄绿色，先端渐狭为明显的花柱。花期5～7月，果熟期8月。块茎有毒。

有毒资源植物
长叶冻绿 Frangula crenata

鼠李科 Rhamnaceae

裸芽鼠李属 Frangula

落叶灌木或小乔木，高达7米。顶芽裸露。幼枝带红色，被毛，后脱落，小枝疏被柔毛。叶纸质，倒卵状椭圆形、椭圆形或倒卵形，稀倒披针状椭圆形或长圆形，长4～14厘米，先端渐尖，尾尖或骤短突，基部楔形或钝，具圆齿状齿或细锯齿，上面无毛，下面被柔毛或沿脉稍被柔毛，侧脉7～12对；叶柄长0.4～1.2厘米，密被柔毛。花两性，5基数；聚伞花序腋生，总花梗长0.4～1.5厘米，被柔毛。花梗长2～4毫米，被短柔毛；萼片三角形与萼筒等长，有疏微毛；花瓣近圆形，顶端2裂；雄蕊与花瓣等长而短于萼片；子房球形，花柱不裂。核果球形或倒卵状球形，绿色或红色，熟时黑或紫黑色，长5～6毫米，径6～7毫米，果柄长3～6毫米，无或有疏短毛，具3分核，各有1颗种子；种子背面无沟。花期5～8月，果期8～10月。根有毒。

有毒资源植物
繁缕 Stellaria media

石竹科 Caryophyllaceae

繁缕属 Stellaria

一年生或二年生草本，高10～30厘米。茎俯仰或上升，基部多少分枝，常带淡紫红色，被1～2列毛。叶片宽卵形或卵形，长1.5～2.5厘米，宽1～1.5厘米，顶端渐尖或急尖，基部渐狭或近心形，全缘；基生叶具长柄，上部叶常无柄或具短柄。疏聚伞花序顶生；花梗细弱，具1列短毛，花后伸长，下垂，长7～14毫米；萼片5，卵状披针形，长约4毫米，顶端稍钝或近圆形，边缘宽膜质，外面被短腺毛；花瓣白色，长椭圆形，比萼片短，深2裂达基部，裂片近线形；雄蕊3～5，短于花瓣；花柱3，线形。蒴果卵形，稍长于宿存萼，顶端6裂，具多数种子；种子卵圆形至近圆形，稍扁，红褐色，直径1～1.2毫米，表面具半球形瘤状突起，脊较显著。花期6～7月，果期7～8月。全株有小毒。

油脂资源植物	菊科 Asteraceae
苍耳 Xanthium strumarium	苍耳属 *Xanthium*

一年生草本，高20～90厘米。根纺锤状，分枝或不分枝。茎直立不枝或少有分枝，下部圆柱形，径4～10毫米，上部有纵沟，被灰白色糙伏毛。叶三角状卵形或心形，长4～9厘米，宽5～10厘米，近全缘，或有3～5不明显浅裂，顶端尖或钝，基部稍心形或截形，与叶柄连接处成相等的楔形，边缘有不规则的粗锯齿，基部三出脉，侧脉弧形，直达叶缘，脉上密被糙伏毛；叶柄长3～11厘米。雄性的头状花序球形，径4～6毫米，有或无花序梗，总苞片长圆状披针形，长1～1.5毫米，被短柔毛，花托柱状，托片倒披针形，长约2毫米，顶端尖，有微毛，有多数的雄花，花冠钟形，管部上端有5宽裂片；花药长圆状线形；雌性的头状花序椭圆形，外层总苞片小，披针形，长约3毫米，被短柔毛，内层总苞片结合成囊状，宽卵形或椭圆形，绿色，淡黄绿色或有时带红褐色，在瘦果成熟时变坚硬，连同喙部长12～15毫米，宽4～7毫米，外面有疏生的具钩状的刺，刺极细而直，基部微增粗或几不增粗，长1～1.5毫米，基部被柔毛，常有腺点，或全部无毛；喙坚硬，锥形，上端略呈镰刀状，长1.5～2.5毫米，常不等长，少有结合而成1个喙。瘦果2，倒卵形。花期7～8月，果期9～10月。

油脂资源植物	苦木科 Simaroubaceae
臭椿 *Ailanthus altissima*	**臭椿属 *Ailanthus***

落叶乔木，高可达20余米。树皮平滑而有直纹。嫩枝有髓，幼时被黄色或黄褐色柔毛，后脱落。叶为奇数羽状复叶，长40~60厘米，叶柄长7~13厘米，有小叶13~27；小叶对生或近对生，纸质，卵状披针形，长7~13厘米，宽2.5~4厘米，先端长渐尖，基部偏斜，截形或稍圆，两侧各具1或2个粗锯齿，齿背有腺体1个，叶面深绿色，背面灰绿色，柔碎后具臭味。圆锥花序长10~30厘米；花淡绿色，花梗长1~2.5毫米；萼片5，覆瓦状排列，裂片长0.5~1毫米；花瓣5，长2~2.5毫米，基部两侧被硬粗毛；雄蕊10，花丝基部密被硬粗毛，雄花中的花丝长于花瓣，雌花中的花丝短于花瓣；花药长圆形，长约1毫米；心皮5，花柱粘合，柱头5裂。翅果长椭圆形，长3~4.5厘米，宽1~1.2厘米；种子位于翅的中间，扁圆形。花期4~5月，果期8~10月。

油脂资源植物	豆科 Fabaceae
紫穗槐 *Amorpha fruticosa*	紫穗槐属 *Amorpha*

落叶灌木，丛生，高1~4米。小枝灰褐色，被疏毛，后变无毛，嫩枝密被短柔毛。叶互生，奇数羽状复叶，长10~15厘米，有小叶11~25片，基部有线形托叶；叶柄长1~2厘米；小叶卵形或椭圆形，长1~4厘米，宽0.6~2厘米，先端圆形，锐尖或微凹，有一短而弯曲的尖刺，基部宽楔形或圆形，上面无毛或被疏毛，下面有白色短柔毛，具黑色腺点。穗状花序常1至数个顶生和枝端腋生，长7~15厘米，密被短柔毛；花有短梗；苞片长3~4毫米；花萼长2~3毫米，被疏毛或几无毛，萼齿三角形，较萼筒短；旗瓣心形，紫色，无翼瓣和龙骨瓣；雄蕊10，下部合生成鞘，上部分裂，包于旗瓣之中，伸出花冠外。荚果下垂，长6~10毫米，宽2~3毫米，微弯曲，顶端具小尖，棕褐色，表面有突起的疣状腺点。花果期5~10月。

油脂资源植物	银杏科 Ginkgoaceae
银杏 *Ginkgo biloba*	银杏属 *Ginkgo*

乔木，高达40米。幼树树皮浅纵裂，大树之皮呈灰褐色，深纵裂，粗糙。幼年及壮年树冠圆锥形，老则广卵形。枝近轮生，斜上伸展；一年生的长枝淡褐黄色，二年生以上变为灰色，并有细纵裂纹；短枝密被叶痕，黑灰色。叶扇形，有长柄，淡绿色，无毛，有多数叉状并列细脉，顶端宽5～8厘米，在短枝上常具波状缺刻，在长枝上常2裂，基部宽楔形，幼树及萌生枝上的叶常较大而深裂，有时裂片再分裂，叶在一年生长枝上螺旋状散生，在短枝上3～8叶呈簇生状，秋季落叶前变为黄色。球花雌雄异株，单性，生于短枝顶端的鳞片状叶的腋内，呈簇生状；雄球花柔荑花序状，下垂，雄蕊排列疏松，具短梗，花药常2个，长椭圆形，药室纵裂，药隔不发达；雌球花具长梗，梗端常分两叉，稀3～5叉或不分叉，每叉顶生一盘状珠座，胚珠着生其上，通常仅一个叉端的胚珠发育成种子，风媒传粉。种子具长梗，下垂，常为椭圆形、长倒卵形、卵圆形或近圆球形，长2.5～3.5厘米，径为2厘米，外种皮肉质，熟时黄色或橙黄色，外被白粉，有臭味；中种皮白色，骨质，具2～3条纵脊；内种皮膜质，淡红褐色；胚乳肉质，味甘略苦。花期3～4月，果熟期9～10月。

油脂资源植物	榆科 Ulmaceae
大果榆 *Ulmus macrocarpa*	榆属 *Ulmus*

落叶乔木或灌木，高达20米。树皮暗灰色或灰黑色，纵裂，粗糙。小枝有时两侧具对生而扁平的木栓翅，间或上下也有微突起的木栓翅，稀在较老的小枝上有4条几等宽而扁平的木栓翅；幼枝有疏毛，一年、二年生枝淡褐黄色或淡黄褐色，稀淡红褐色，无毛或一年生枝有疏毛，具散生皮孔。冬芽卵圆形或近球形，芽鳞背面多少被短毛或无毛，边缘有毛。叶宽倒卵形、倒卵状圆形、倒卵状菱形或倒卵形，稀椭圆形，厚革质，大小变异很大，先端短尾状，稀骤凸，基部渐窄至圆，偏斜或近对称，多少心脏形或一边楔形，两面粗糙，叶面密生硬毛或有突起的毛迹，叶背常有疏毛，脉上较密，脉腋常有簇生毛，侧脉每边6~16条，边缘具大而浅钝的重锯齿，或兼有单锯齿，仅上面有毛或下面有疏毛。花自花芽或混合芽抽出，在去年生枝上排成簇状聚伞花序或散生于新枝的基部。翅果宽倒卵状圆形、近圆形或宽椭圆形，长1.5~4.7厘米，宽1~3.9厘米，基部多少偏斜或近对称，微狭或圆，果核部分位于翅果中部；宿存花被钟形，外被短毛或几无毛，上部5浅裂，裂片边缘有毛；果梗长2~4毫米，被短毛。花果期4~5月。

油脂资源植物	菊科 Asteraceae
黄花蒿 *Artemisia annua*	蒿属 *Artemisia*

　　一年生草本，植株有浓烈的挥发性香气。根单生，垂直，狭纺锤形。茎单生。茎、枝、叶两面及总苞片背面无毛或初叶下面微有极稀柔毛。叶两面具脱落性白色腺点及细小凹点，茎下部叶宽卵形或H角状卵形，长3～7厘米，三（四）回栉齿状羽状深裂，每侧裂片5～10，中肋在上面稍隆起，中轴两侧有窄翅，无小栉齿，稀上部有数枚小栉齿，叶柄长1～2厘米，基部有半抱茎假托叶；中部叶（三）回栉齿状羽状深裂，小裂片栉齿状角形，具短柄，上近无柄。头状花序球形，多数，径1.5～2.5毫米，有短梗，基部有线形小苞叶，在分枝上排成总状或复总状花序，在茎上组成开展的尖塔形圆锥花序；总苞片背面无毛；雌花10～18朵；两性花10～30朵。瘦果椭圆状卵圆形，稍扁。花果期8～11月。

油脂资源植物 紫苏 Perilla frutescens

唇形科 Lamiaceae
紫苏属 Perilla

一年生直立草本。茎高绿色或紫色，钝四棱形，具4槽，密被长柔毛。叶阔卵形或圆形，先端短尖或突尖，基部圆形或阔楔形，边缘在基部以上有粗锯齿，膜质或草质，两面绿色或紫色，或仅下面紫色，上面被疏柔毛，下面被贴生柔毛，位于下部者稍靠近，斜上升，与中脉在上面微突起而在下面明显突起，色稍淡；叶柄长3~5厘米，背腹扁平，密被长柔毛。轮伞花序2花，组成密被长柔毛、偏向一侧的顶生及腋生总状花序；苞片宽卵圆形或近圆形，长宽约4毫米，先端具短尖，外被红褐色腺点，无毛，边缘膜质；花梗密被柔毛；花萼钟形，10脉，长约3毫米，直伸，下部被长柔毛，夹有黄色腺点，内面喉部有疏柔毛环，结果时增大，平伸或下垂，基部一边肿胀，萼檐二唇形，上唇宽大，3齿，中齿较小，下唇比上唇稍长，2齿，齿披针形；花冠白色至紫红色，外面略被微柔毛，内面在下唇片基部略被微柔毛，冠筒短，喉部斜钟形，冠檐近二唇形，上唇微缺，下唇3裂，中裂片较大，侧裂片与上唇相近似；雄蕊4，几乎不伸出，前对稍长，离生，插生喉部，花丝扁平，花药2室，室平行，其后略叉开或极叉开。小坚果近球形，灰褐色，具网纹。花期8~11月，果期8~12月。

油脂资源植物	菊科 Asteraceae
茵陈蒿 *Artemisia capillaris*	蒿属 *Artemisia*

亚灌木状草本，植株有浓香。茎、枝初密被灰白色或灰黄色绢质柔毛；枝端有密集叶丛，基生叶常成莲座状；基生叶、茎下部叶与营养枝叶两面均被棕黄色或灰黄色绢质柔毛，叶卵圆形或卵状椭圆形，长2~5厘米，二回羽状全裂，每侧裂片2~4，裂片3~5全裂，小裂片线形或线状披针形，细育，不弧曲，长0.5~1厘米，叶柄长3~7毫米；中部叶宽卵形、近圆形或卵圆形，长2~3厘米，（一至）二回羽状全裂，小裂片线形或丝线形，细直，长0.8~1.2厘米，近无毛，基部裂片常半抱茎；上部叶与苞片叶羽状5全裂或3全裂。头状花序卵圆形，稀近球形，径1.5~2毫米，有短梗及线形小苞片，在分枝的上端或小枝端偏向外侧生长，排成复总状花序，在茎上端组成大型、开展圆锥花序；总苞片淡黄色，无毛；雌花6~10朵；两性花3~7朵。瘦果长圆形或长卵圆形。花果期7~10月。

油脂资源植物

牡蒿 Artemisia japonica

菊科 Asteraceae
蒿属 Artemisia

多年生草本，植株有香气。主根稍明显，侧根多，常有块根。根状茎稍粗短，直立或斜向上，直径3~8毫米，常有若干条营养枝；茎单生或少数，高50~130厘米，有纵棱，紫褐色或褐色，上半部分枝，枝长5~20厘米，通常贴向茎或斜向上长；茎、枝初时被微柔毛，后渐稀疏或无毛。叶纸质，两面无毛或初微被柔毛；基生叶与茎下部叶倒卵形或宽匙形，长4~7厘米，羽状深裂或半裂，具短柄；中部叶匙形，长2.5~4.5厘米，上端有3~5斜向浅裂片或深裂片，每裂片上端有2~3小齿或无齿，无柄；上部叶上端具3浅裂或不裂；苞片叶长椭圆形、椭圆形、披针形或线状披针形。头状花序卵圆形或近球形，径1.5~2.5毫米，基部具线形小苞叶，排成穗状或穗状总状花序，在茎上组成窄或中等开展圆锥花序；总苞片无毛；雌花3~8朵；两性花5~10朵。瘦果小，倒卵形。花果期7~10月。

油脂资源植物	菊科 Asteraceae
白莲蒿 *Artemisia stechmanniana*	蒿属 *Artemisia*

亚灌木状草本。茎、枝初被微柔毛。叶下面初密被灰白色平贴柔毛；茎下部与中部叶长卵形、三角状卵形或长椭圆状卵形，长2～10厘米，二至三回栉齿状羽状分裂，一回全裂，每侧裂片3～5，小裂片栉齿状披针形或线状披针形，中轴两侧具4～7栉齿，叶柄长1～5厘米，基部有小型栉齿状分裂的假托叶；上部叶一至二回栉齿状羽状分裂，苞片叶羽状分裂或不裂。头状花序近球形，下垂，径2～4毫米，具短梗或近无梗，排成穗状总状花序，在茎上组成密集或稍开展圆锥花序；总苞片背面初密被灰白色柔毛；雌花10～12朵；两性花20～40朵。瘦果窄椭圆状卵圆形或窄圆锥形。花果期8～10月。

油脂资源植物
圆叶鼠李 Rhamnus globosa

鼠李科 Rhamnaceae

鼠李属 Rhamnus

灌木，稀小乔木，高2～4米。小枝对生或近对生，灰褐色，顶端具针刺，幼枝和当年生枝被短柔毛。叶纸质或薄纸质，对生或近对生，稀兼互生，或在短枝上簇生，近圆形、倒卵状圆形或卵圆形，长2～6厘米，宽1.2～4厘米，顶端突尖或短渐尖，稀圆钝，基部宽楔形或近圆形，边缘具圆齿状锯齿，上面绿色，初时被密柔毛，后渐脱落或仅沿脉及边缘被疏柔毛，下面淡绿色，全部或沿脉被柔毛，侧脉每边3～4条，上面下陷，下面突起，网脉在下面明显，叶柄长6～10毫米，被密柔毛；托叶线状披针形，宿存，有微毛。花单性，雌雄异株，通常数朵至20朵簇生于短枝端或长枝下部叶腋，稀2～3朵生于当年生枝下部叶腋，4基数，有花瓣，花萼和花梗均有疏微毛，花柱2～3浅裂或半裂；花梗长4～8毫米。核果球形或倒卵状球形，长4～6毫米，直径4～5毫米，基部有宿存的萼筒，具2分核，稀有3分核，成熟时黑色；果梗长5～8毫米，有疏柔毛；种子黑褐色，有光泽，背面或背侧有长为种子3/5的纵沟。花期4～5月，果期6～10月。

油脂资源植物	豆科 Fabaceae
皂荚 *Gleditsia sinensis*	皂荚属 *Gleditsia*

落叶乔木或小乔木，高可达30米。枝灰色至深褐色。刺粗壮，圆柱形，常分枝，多呈圆锥状。叶为一回羽状复叶；小叶3～9对，纸质，卵状披针形至长圆形，先端急尖或渐尖，顶端圆钝，具小尖头，基部圆形或楔形，有时稍歪斜，边缘具细锯齿，上面被短柔毛，下面中脉上稍被柔毛；网脉明显，在两面突起；小叶柄长1～2毫米，被短柔毛。花杂性，黄白色，组成总状花序；花序腋生或顶生，长5～14厘米，被短柔毛；雄花直径9～10毫米，花梗长2～8毫米，花托长2.5～3毫米，深棕色，外面被柔毛，萼片4枚，三角状披针形，长3毫米，两面被柔毛，花瓣4枚，长圆形，长4～5毫米，被微柔毛，雄蕊6～8枚，退化雌蕊长2.5毫米；两性花萼、花瓣与雄花的相似，唯萼片长4～5毫米，花瓣长5～6毫米，雄蕊8，子房缝线上及基部被毛，柱头浅2裂，胚珠多数。荚果带状，长12～37厘米，宽2～4厘米，劲直或扭曲，果肉稍厚，两面鼓起，或有的荚果短小，多少呈柱形，长5～13厘米，宽1～1.5厘米，弯曲作新月形，通常称猪牙皂，内无种子；果颈长1～3.5厘米；果瓣革质，褐棕色或红褐色，常被白色粉霜；种子多颗，长圆形或椭圆形，长11～13毫米，宽8～9毫米，棕色，光亮。花期3～5月，果期5～12月。

油脂资源植物	茄科 Solanaceae
枸杞 *Lycium chinense*	**枸杞属** *Lycium*

多分枝灌木,高0.5~1米,栽培时可达2米多。枝条细弱,弓状弯曲或俯垂,淡灰色,有纵条纹,棘刺长0.5~2厘米,生叶和花的棘刺较长,小枝顶端锐尖成棘刺状。叶纸质或栽培者质稍厚,单叶互生或2~4枚簇生,卵形、卵状菱形、长椭圆形、卵状披针形,顶端急尖,基部楔形,长1.5~5厘米,宽0.5~2.5厘米,栽培者较大,可长达10厘米以上,宽达4厘米;叶柄长0.4~1厘米。花在长枝上单生或双生于叶腋,在短枝上则同叶簇生;花梗长1~2厘米,向顶端渐增粗;花萼长3~4毫米,通常3中裂或4~5齿裂,裂片多少有缘毛;花冠漏斗状,长9~12毫米,淡紫色,筒部向上骤然扩大,稍短于或近等于檐部裂片,5深裂,裂片卵形,顶端圆钝,平展或稍向外反曲,边缘有缘毛,基部耳显著;雄蕊较花冠稍短,或因花冠裂片外展而伸出花冠,花丝在近基部处密生一圈绒毛并交织成椭圆状的毛丛;花柱稍伸出雄蕊,上端弓弯,柱头绿色。浆果红色,卵状,栽培者可成长矩圆状或长椭圆状,顶端尖或钝,长7~15毫米,栽培者长可达2.2厘米,直径5~8毫米。种子扁肾脏形,长2.5~3毫米,黄色。花果期6~11月。

油脂资源植物
大叶铁线莲 Clematis heracleifolia

毛茛科 Ranunculaceae
铁线莲属 Clematis

直立草本或半灌木，高0.3~1米。有粗大的主根，木质化，表面棕黄色。茎粗壮，有明显的纵条纹，密生白色糙绒毛。三出复叶；小叶片亚革质或厚纸质，卵圆形，宽卵圆形至近于圆形，长6~10厘米，宽3~9厘米，顶端短尖基部圆形或楔形，有时偏斜，边缘有不整齐的粗锯齿，齿尖有短尖头，上面暗绿色，近乎无毛，下面有曲柔毛，尤以叶脉上为多，主脉及侧脉在上面平坦，在下面显著隆起；叶柄粗壮，长达15厘米，被毛；顶生小叶柄长，侧生者短。聚伞花序顶生或腋生，花梗粗壮，有淡白色的糙绒毛，每花下有1枚线状披针形的苞片；花杂性，雄花与两性花异株；花直径2~3厘米，花萼下半部呈管状，顶端常反卷；萼片4枚，蓝紫色，长椭圆形至宽线形，常在反卷部分增宽，长1.5~2厘米，宽5毫米，内面无毛，外面有白色厚绢状短柔毛，边缘密生白色绒毛；雄蕊长约1厘米，花丝线形，无毛，花药线形与花丝等长，药隔疏生长柔毛；心皮被白色绢状毛。瘦果卵圆形，两面突起，长约4毫米，红棕色，被短柔毛，宿存花柱丝状，长达3厘米，有白色长柔毛。花期8~9月，果期10月。

油脂资源植物	芸香科 Rutaceae
青花椒 *Zanthoxylum schinifolium*	花椒属 *Zanthoxylum*

通常高1~2米的灌木。茎枝有短刺，刺基部两侧压扁状，嫩枝暗紫红色。叶有小叶7~19片；小叶纸质，对生，几无柄，位于叶轴基部的常互生，其小叶柄长1~3毫米，宽卵形至披针形，或阔卵状菱形，长5~10毫米，宽4~6毫米，稀长达70毫米，宽25毫米，顶部短至渐尖，基部圆或宽楔形，两侧对称，有时一侧偏斜，油点多或不明显，叶面有在放大镜下可见的细短毛或毛状凸体，叶缘有细裂齿或近于全缘，中脉至少中段以下凹陷。花序顶生，花或多或少；萼片及花瓣均5片；花瓣淡黄白色，长约2毫米；雄花的退化雌蕊甚短，2~3浅裂；雌花有心皮3个，很少4或5个。分果瓣红褐色，干后变暗苍绿或褐黑色，径4~5毫米，顶端几无芒尖，油点小；种子径3~4毫米。花期7~9月，果期9~12月。

油脂资源植物	蔷薇科 Rosaceae
野蔷薇 *Rosa multiflora*	蔷薇属 *Rosa*

攀援灌木。小枝圆柱形，通常无毛，有短、粗稍弯曲皮束。小叶5～9，近花序的小叶有时3，连叶柄长5～10厘米；小叶片倒卵形、长圆形或卵形，长1.5～5厘米，宽8～28毫米，先端急尖或圆钝，基部近圆形或楔形，边缘有尖锐单锯齿，稀混有重锯齿，上面无毛，下面有柔毛；小叶柄和叶轴有柔毛或无毛，有散生腺毛；托叶篦齿状，大部贴生于叶柄，边缘有或无腺毛。花多朵，排成圆锥状花序，花梗长1.5～2.5厘米，无毛或有腺毛，有时基部有篦齿状小苞片；花直径1.5～2厘米，萼片披针形，有时中部具2个线形裂片，外面无毛，内面有柔毛；花瓣白色，宽倒卵形，先端微凹，基部楔形；花柱结合成束，无毛，比雄蕊稍长。果近球形，直径6～8毫米，红褐色或紫褐色，有光泽，无毛，萼片脱落。花期5～7月。

油脂资源植物
胡枝子 *Lespedeza bicolor*

豆科 Fabaceae

胡枝子属 *Lespedeza*

直立灌木，高1~3米。多分枝，小枝黄色或暗褐色，有条棱，被疏短毛。芽卵形，长2~3毫米，具数枚黄褐色鳞片。羽状复叶具3小叶；托叶2枚，线状披针形；叶柄长2~7厘米；小叶质薄，卵形、倒卵形或卵状长圆形，先端钝圆或微凹，稀稍尖，具短刺尖，基部近圆形或宽楔形，全缘，上面绿色，无毛，下面色淡，被疏柔毛，老时渐无毛。总状花序腋生，比叶长，常构成大型、较疏松的圆锥花序；总花梗长4~10厘米；小苞片2枚，卵形，长不到1厘米，先端钝圆或稍尖，黄褐色，被短柔毛；花梗短，长约2毫米，密被毛；花萼长约5毫米，5浅裂，裂片通常短于萼筒，上方2裂片合生成2齿，裂片卵形或三角状卵形，先端尖，外面被白毛；花冠红紫色，极稀白色，长约10毫米，旗瓣倒卵形，先端微凹，翼瓣较短，近长圆形，基部具耳和瓣柄，龙骨瓣与旗瓣近等长，先端钝，基部具较长的瓣柄；子房被毛。荚果斜倒卵形，稍扁，长约10毫米，宽约5毫米，表面具网纹，密被短柔毛。花期7~9月，果期9~10月。

油脂资源植物	伞形科 Apiaceae
野胡萝卜 Daucus carota	胡萝卜属 Daucus

二年生草本，高15～120厘米。茎单生，全体有白色粗硬毛。基生叶薄膜质，长圆形，二至三回羽状全裂，末回裂片线形或披针形，长2～15毫米，宽0.5～4毫米，顶端尖锐，有小尖头，光滑或有糙硬毛；叶柄长3～12厘米；茎生叶近无柄，有叶鞘，末回裂片小或细长。复伞形花序，花序梗长10～55厘米，有糙硬毛；总苞有多数苞片，呈叶状，羽状分裂，少有不裂的，裂片线形，长3～30毫米；伞辐多数，长2～7.5厘米，结果时外缘的伞辐向内弯曲；小总苞片5～7枚，线形，不分裂或2～3裂，边缘膜质，具纤毛；花通常白色，有时带淡红色；花柄不等长，长3～10毫米。果实圆卵形，长3～4毫米，宽2毫米，棱上有白色刺毛。花期5～7月。

油脂资源植物	十字花科 Brassicaceae
播娘蒿 *Descurainia sophia*	播娘蒿属 *Descurainia*

一年生草本，高20~80厘米。有毛或无毛，毛为叉状毛，以下部茎生叶为多，向上渐少。茎直立，分枝多，常于下部成淡紫色。叶为三回羽状深裂，长2~12厘米，末端裂片条形或长圆形，裂片长3~5毫米，宽0.8~1.5毫米，下部叶具柄，上部叶无柄。花序伞房状，果期伸长；萼片直立，早落，长圆条形，背面有分叉细柔毛；花瓣黄色，长圆状倒卵形，长2~2.5毫米，或稍短于萼片，具爪；雄蕊6枚，比花瓣长1/3。长角果圆筒状，长2.5~3厘米，宽约1毫米，无毛，稍内曲，与果梗不成1条直线，果瓣中脉明显；果梗长1~2厘米；种子每室1行，种子形小，多数，长圆形，长约1毫米，稍扁，淡红褐色，表面有细网纹。花期4~5月。

纤维资源植物	锦葵科 Malvaceae
苘麻 *Abutilon theophrasti*	苘麻属 *Abutilon*

一年生亚灌木状草本，高达1~2米。茎枝被柔毛。叶互生，圆心形，长5~10厘米，先端长渐尖，基部心形，边缘具细圆锯齿，两面均密被星状柔毛；叶柄长3~12厘米，被星状细柔毛；托叶早落。花单生于叶腋，花梗长1~13厘米，被柔毛，近顶端具节；花萼杯状，密被短绒毛，裂片5，卵形，长约6毫米；花黄色，花瓣倒卵形，长约1厘米；雄蕊柱平滑无毛，心皮15~20，长1~1.5厘米，顶端平截，具扩展、被毛的长芒2，排列成轮状，密被软毛。蒴果半球形，直径约2厘米，长约1.2厘米，分果爿15~20枚，被粗毛，顶端具长芒2枚；种子肾形，褐色，被星状柔毛。花期7~8月。

纤维资源植物	菊科 Asteraceae
艾 *Artemisia argyi*	蒿属 *Artemisia*

多年生草本或略成半灌木状，植株有浓烈香气。主根明显，略粗长，直径达1.5厘米，侧根多。茎有少数短分枝；茎、枝被灰色蛛丝状柔毛。叶厚纸质，叶上面被灰白色柔毛，兼有白色腺点与小凹点，下面密被白色蛛丝状线毛；基生叶具长柄；茎下部叶近圆形或宽卵形，羽状深裂，每侧裂片2~3，裂片有2~3小裂齿，干后下面主、侧脉常深褐色或锈色，叶柄长0.5~0.8厘米；中部叶卵形、三角状卵形或近菱形，长5~8厘米，一（二）回羽状深裂或半裂，每侧裂片2~3，裂片卵形、卵状披针形或披针形，宽2~4毫米，干后主脉和侧脉深褐色或锈色，叶柄长0.2~0.5厘米；上部叶与苞片叶羽状半裂、浅裂、3深裂或不裂。头状花序椭圆形，径2.5~3.5毫米，排成穗状花序或复穗状花序，在茎上常组成尖塔形窄圆锥花序；总苞片背面密被灰白色蛛丝状绵毛，边缘膜质；雌花6~10朵；两性花8~12朵，檐部紫色。瘦果长卵形或长圆形。花果期7~10月。

纤维资源植物	禾本科 Poaceae
野古草 *Arundinella hirta*	野古草属 *Arundinella*

多年生草本。根茎较粗壮，被淡黄色鳞片，须根直径约1毫米。秆直立，高90～150厘米，径2～4毫米，质稍硬，被白色疣毛及疏长柔毛，后变无毛，节黄褐色，密被短柔毛。叶鞘被疣毛，边缘具纤毛；叶舌长约0.2毫米，上缘截平，具长纤毛；叶片长15～40厘米，宽约10毫米，先端长渐尖，两面被疣毛。圆锥花序长15～40厘米，花序柄、主轴及分枝均被疣毛；孪生小穗柄分别长约1.5毫米及4毫米，较粗糙，具疏长柔毛；小穗长3～4.2毫米，无毛；第一颖长2.4～3.4毫米，先端渐尖，具3～7脉，常为5脉；第二颖长2.8～3.6毫米，具5脉；第一小花雄性，长3～3.5毫米，外稃具3～5脉，内稃略短；第二小花长卵形，外稃长2.4～3毫米，无芒，常具0.2～0.6毫米的小尖头，基盘毛长1～1.6毫米，约为稃体的1/2。花果期8～10月。

纤维资源植物

芦竹 *Arundo donax*

禾本科 Poaceae

芦竹属 *Arundo*

多年生，具发达根状茎。秆粗大直立，高3~6米，直径1~3.5厘米，坚韧，具多数节，常生分枝。叶鞘长于节间，无毛或颈部具长柔毛；叶舌截平，长约1.5毫米，先端具短纤毛；叶片扁平，长30~50厘米，宽3~5厘米，上面与边缘微粗糙，基部白色，抱茎。圆锥花序极大型，长30~90厘米，宽3~6厘米，分枝稠密，斜升；小穗长10~12毫米；含2~4小花，小穗轴节长约1毫米；外稃中脉延伸成1~2毫米的短芒，背面中部以下密生长柔毛，毛长5~7毫米，基盘长约0.5毫米，两侧上部具短柔毛，第一外稃长约1厘米；内稃长约为外稃之半；雄蕊3枚，颖果细小黑色。花果期9~12月。

纤维资源植物	大麻科 Cannabaceae
大麻 *Cannabis sativa*	大麻属 *Cannabis*

一年生直立草本，高1～3米。枝具纵沟槽，密生灰白色贴伏毛。叶掌状全裂，裂片披针形或线状披针形，长7～15厘米，中裂片最长，宽0.5～2厘米，先端渐尖，基部狭楔形，表面深绿色，微被糙毛，背面幼时密被灰白色贴状毛后变无毛，边缘具向内弯的粗锯齿，中脉及侧脉在表面微下陷，背面隆起；叶柄长3～15厘米，密被灰白色贴伏毛；托叶线形。雄花序长达25厘米，花黄绿色，花被片5枚，膜质，外面被细伏贴毛，雄蕊5枚，花丝极短，花药长圆形，小花柄长2～4毫米；雌花绿色，花被片1枚，紧包子房，略被小毛，子房近球形，外面包于苞片。瘦果为宿存黄褐色苞片所包，果皮坚脆，表面具细网纹。花期5～6月，果期为7月。

纤维资源植物	莎草科 Cyperaceae
大披针薹草 *Carex lanceolata*	薹草属 *Carex*

根状茎粗壮，斜生。秆密丛生，纤细，扁三棱形，上部稍粗糙。叶初时短于秆，后渐延伸，与秆近等长或超出，平张，质软，边缘稍粗糙，基部具紫褐色分裂呈纤维状的宿存叶鞘；苞片佛焰苞状，苞鞘背部淡褐色，其余绿色具淡褐色线纹，腹面及鞘口边缘白色膜质，下部的在顶端具刚毛状的短苞叶，上部的呈突尖状。小穗3~6个，彼此疏远；顶生的1个雄性，线状圆柱形，低于其下的雌小穗或与之等高；侧生的2~5个小穗雌性，长圆形或长圆状圆柱形，有5~10余朵疏生或稍密生的花；小穗柄通常不伸出苞鞘外，仅下部的1个稍外露；小穗轴微呈"之"字形曲折；雄花鳞片长圆状披针形，顶端急尖，膜质，褐色或褐棕色，具宽的白色膜质边缘，有1条中脉；雌花鳞片披针形或倒卵状披针形，长5~6毫米，顶端急尖或渐尖，具短尖，纸质，两侧紫褐色，有宽的白色膜质边缘，中间淡绿色，有3条脉。果囊明显短于鳞片，倒卵状长圆形，钝三棱形，长约3毫米，纸质，淡绿色，密被短柔毛，具2侧脉及若干隆起的细脉，基部骤缩成长柄，顶端圆，具短喙，喙口截形。小坚果倒卵状椭圆形，三棱形，长2.5~2.8毫米，基部具短柄，顶端具外弯的短喙；花柱基部稍增粗，柱头3个。花期4~5月，果期5~6月。

纤维资源植物	卫矛科 Celastraceae
南蛇藤 *Celastrus orbiculatus*	南蛇藤属 *Celastrus*

小枝光滑无毛，灰棕色或棕褐色，具稀而不明显的皮孔。腋芽小，卵状至卵圆状，长1～3毫米。叶通常阔倒卵形，近圆形或长方椭圆形，长5～13厘米，宽3～9厘米，先端圆阔，具有小尖头或短渐尖，基部阔楔形到近钝圆形，边缘具锯齿，两面光滑无毛或叶背脉上具稀疏短柔毛，侧脉3～5对；叶柄细长，长1～2厘米。聚伞花序腋生，间有顶生，花序长1～3厘米，小花1～3朵，偶仅1～2朵，小花梗关节在中部以下或近基部；雄花萼片钝三角形；花瓣倒卵椭圆形或长方形，长3～4毫米，宽2～2.5毫米；花盘浅杯状，裂片浅，顶端圆钝；雄蕊长2～3毫米，退化雌蕊不发达；雌花花冠较雄花窄小，花盘稍深厚，肉质，退化雄蕊极短小；子房近球状，花柱长约1.5毫米，柱头3深裂，裂端再2浅裂。蒴果近球状，直径8～10毫米；种子椭圆状稍扁，长4～5毫米，直径2.5～3毫米，赤褐色。花期5～6月，果期7～10月。

纤维资源植物

木槿 Hibiscus syriacus

锦葵科 Malvaceae
木槿属 Hibiscus

落叶灌木，高3~4米。小枝密被黄色星状绒毛。叶菱形至三角状卵形，长3~10厘米，宽2~4厘米，具深浅不同的3裂或不裂，先端钝，基部楔形，边缘具不整齐齿缺，下面沿叶脉微被毛或近无毛；叶柄长5~25毫米，上面被星状柔毛；托叶线形，长约6毫米，疏被柔毛。花单生于枝端叶腋间，花梗长4~14毫米，被星状短绒毛；小苞片6~8，线形，长6~15毫米，宽1~2毫米，密被星状疏绒毛；花萼钟形，长14~20毫米，密被星状短绒毛，裂片5，三角形；花钟形，淡紫色，直径5~6厘米，花瓣倒卵形，长3.5~4.5厘米，外面疏被纤毛和星状长柔毛；雄蕊柱长约3厘米；花柱枝无毛。蒴果卵圆形，直径约12毫米，密被黄色星状绒毛；种子肾形，背部被黄白色长柔毛。花期7~10月。

纤维资源植物	大麻科 Cannabaceae
葎草 *Humulus scandens*	葎草属 *Humulus*

缠绕草本，茎、枝、叶柄均具倒钩刺。叶纸质，肾状五角形，掌状5~7深裂，稀为3裂，长、宽7~10厘米，基部心脏形，表面粗糙，疏生糙伏毛，背面有柔毛和黄色腺体，裂片卵状三角形，边缘具锯齿；叶柄长5~10厘米。雄花小，黄绿色，圆锥花序，长15~25厘米；雌花序球果状，径约5毫米，苞片纸质，三角形，顶端渐尖，具白色绒毛；子房为苞片包围，柱头2，伸出苞片外。瘦果成熟时露出苞片外。花期春夏，果期秋季。

纤维资源植物

花木蓝 *Indigofera kirilowii*

豆科 Fabaceae

木蓝属 *Indigofera*

小灌木。茎圆柱形，无毛。幼枝有棱，疏生白色"丁"字毛。羽状复叶；叶轴上面略扁平，有浅槽，被毛或近无毛；托叶披针形，长4~6毫米，早落；小叶2~5对，对生，阔卵形、卵状菱形或椭圆形，长1.5~4厘米，宽1~2.3厘米，先端圆钝或急尖，具长的小尖头，基部楔形或阔楔形，上面绿色，下面粉绿色，两面散生白色"丁"字毛，中脉上面微隆起，下面隆起，侧脉两面明显；小叶柄长2.5毫米，密生毛；小托叶钻形，长2~3毫米，宿存。总状花序，疏花；总花梗长1~2.5厘米，花序轴有棱，疏生白色"丁"字毛；苞片线状披针形，长2~5毫米；花梗长3~5毫米，无毛；花萼杯状，外面无毛，萼筒长约1.5毫米，萼齿披针状三角形，有缘毛，最下萼齿长达2毫米；花冠淡红色，稀白色，花瓣近等长，旗瓣椭圆形，先端圆形，外面无毛，边缘有短毛，翼瓣边缘有毛；花药阔卵形，两端有髯毛；子房无毛。荚果棕褐色，圆柱形，长3.5~7厘米，径约5毫米，无毛，内果皮有紫色斑点，有种子10余颗；果梗平展；种子赤褐色，长圆形，长约5毫米，径约2.5毫米。花期5~7月，果期8月。

纤维资源植物	鸢尾科 Iridaceae
马蔺 *Iris lactea*	鸢尾属 *Iris*

多年生密丛草本。根状茎粗壮，木质，斜伸，外包有大量致密的红紫色折断的老叶残留叶鞘及毛发状的纤维；须根粗而长，黄白色，少分枝。叶基生，坚韧，灰绿色，条形或狭剑形，长约50厘米，宽4~6毫米，顶端渐尖，基部鞘状，带红紫色，无明显的中脉。花茎光滑，高3~10厘米；苞片3~5枚，草质，绿色，边缘白色，披针形，长4.5~10厘米，宽0.8~1.6厘米，顶端渐尖或长渐尖，内包含有2~4朵花；花乳白色，直径5~6厘米；花梗长4~7厘米；花被管甚短，长约3毫米，外花被裂片倒披针形，长4.5~6.5厘米，宽0.8~1.2厘米，顶端钝或急尖，爪部楔形，内花被裂片狭倒披针形，长4.2~4.5厘米，宽5~7毫米，爪部狭楔形；雄蕊长2.5~3.2厘米，花药黄色，花丝白色；子房纺锤形，长3~4.5厘米。蒴果长椭圆状柱形，长4~6厘米，直径1~1.4厘米，有6条明显的肋，顶端有短喙；种子为不规则的多面体，棕褐色，略有光泽。花期5~6月，果期6~9月。

纤维资源植物

萝藦 *Cynanchum rostellatum*

夹竹桃科 Apocynaceae

鹅绒藤属 *Cynanchum*

多年生草质藤本，长达8米，具乳汁。茎圆柱状，下部木质化，上部较柔韧，表面淡绿色，有纵条纹，幼时密被短柔毛，老时被毛渐脱落。叶膜质，卵状心形，长5~12厘米，宽4~7厘米，顶端短渐尖，基部心形，叶耳圆，长1~2厘米，两叶耳展开或紧接，叶面绿色，叶背粉绿色，两面无毛，或幼时被微毛，老时被毛脱落；侧脉每边10~12条，在叶背略明显；叶柄长，顶端具丛生腺体。总状式聚伞花序腋生或腋外生，具长总花梗；总花梗长6~12厘米，被短柔毛；花梗被短柔毛，着花通常13~15朵；小苞片膜质，披针形，顶端渐尖；花蕾圆锥状，顶端尖；花萼裂片披针形，长5~7毫米，宽2毫米，外面被微毛；花冠白色，有淡紫红色斑纹，近辐状，花冠筒短，花冠裂片披针形，张开，顶端反折，基部向左覆盖，内面被柔毛；副花冠环状，着生于合蕊冠上，短5裂，裂片兜状；雄蕊连生成圆锥状，并包围雌蕊在其中，花药顶端具白色膜片；花粉块卵圆形，下垂；子房无毛，柱头延伸成一长喙，顶端2裂。蓇葖叉生，纺锤形，平滑无毛，顶端急尖，基部膨大；种子扁平，卵圆形，长5毫米，宽3毫米，有膜质边缘，褐色，顶端具白色绢质种毛；种毛长1.5厘米。花期7~8月，果期9~12月。

纤维资源植物	禾本科 Poaceae
芒 Miscanthus sinensis	芒属 Miscanthus

多年生苇状草本。秆高1~2米，无毛或在花序以下疏生柔毛。叶鞘无毛，长于其节间；叶舌膜质，长1~3毫米，顶端及其后面具纤毛；叶片线形，长20~50厘米，宽6~10毫米，下面疏生柔毛及被白粉，边缘粗糙。圆锥花序直立，长15~40厘米，主轴无毛，延伸至花序的中部以下，节与分枝腋间具柔毛；分枝较粗硬，直立，不再分枝或基部分枝具第二次分枝，长10~30厘米；小枝节间三棱形，边缘微粗糙，短柄长2毫米，长柄长4~6毫米；小穗披针形，长4.5~5毫米，黄色有光泽，基盘具等长于小穗的白色或淡黄色的丝状毛；第一颖顶具3~4脉，边脉上部粗糙，顶端渐尖，背部无毛；第二颖常具1脉，粗糙，上部内折之边缘具纤毛；第一外稃长圆形，膜质，长约4毫米，边缘具纤毛；第二外稃明显短于第一外稃，先端2裂，裂片间具1芒，芒长9~10毫米，棕色，膝曲，芒柱稍扭曲，长约2毫米，第二内稃长约为其外稃的1/2；雄蕊3枚，花药长2.2~2.5毫米，稃褐色，先雌蕊成熟；柱头羽状，长约2毫米，紫褐色，从小穗中部之两侧伸出。颖果长圆形，暗紫色。花果期7~12月。

纤维资源植物	禾本科 Poaceae
狗尾草 Setaria viridis	狗尾草属 Setaria

一年生。根为须状，高大植株具支持根。秆直立或基部膝曲，高10～100厘米，基部径达3～7毫米。叶鞘松弛，无毛或疏具柔毛或疣毛，边缘具较长的密绵毛状纤毛；叶舌极短，边缘有长1～2毫米的纤毛；叶片扁平，长三角状狭披针形或线状披针形，先端长渐尖或渐尖，基部钝圆形，几呈截状或渐窄，长4～30厘米，宽2～18毫米，通常无毛或疏被疣毛，边缘粗糙。圆锥花序紧密呈圆柱状或基部稍疏离，直立或稍弯垂，主轴被较长柔毛，长2～15厘米，宽4～13毫米（除刚毛外），刚毛长4～12毫米，粗糙或微粗糙，直或稍扭曲，通常绿色或褐黄色至紫红色或紫色；小穗2～5个簇生于主轴上或更多的小穗着生在短小枝上，椭圆形，先端钝，长2～2.5毫米，铅绿色；第一颖卵形、宽卵形，长约为小穗的1/3，先端钝或稍尖，具3脉；第二颖几与小穗等长，椭圆形，具5～7脉；第一外稃与小穗等长，具5～7脉，先端钝，其内稃短小狭窄；第二外稃椭圆形，顶端钝，具细点状皱纹，边缘内卷，狭窄；鳞被楔形，顶端微凹；花柱基分离。颖果灰白色。花果期5～10月。

纤维资源植物	桑科 Moraceae
蒙桑 *Morus mongolica*	桑属 *Morus*

小乔木或灌木。树皮灰褐色，纵裂。小枝暗红色，老枝灰黑色。冬芽卵圆形，灰褐色。叶长椭圆状卵形，长8～15厘米，宽5～8厘米，先端尾尖，基部心形，边缘具三角形单锯齿，稀为重锯齿，齿尖有长刺芒，两面无毛；叶柄长2.5～3.5厘米。雄花序长3厘米，雄花花被暗黄色，外面及边缘被长柔毛，花药2室，纵裂；雌花序短圆柱状，长1～1.5厘米，总花梗纤细，长1～1.5厘米；雌花花被片外面上部疏被柔毛，或近无毛；花柱长，柱头2裂，内面密生乳头状突起。聚花果长1.5厘米，成熟时红色至紫黑色。花期3～4月，果期4～5月。

纤维资源植物
狼尾草 *Pennisetum alopecuroides*

禾本科 Poaceae
狼尾草属 *Pennisetum*

多年生。须根较粗壮。秆直立，丛生，高30～120厘米，在花序下密生柔毛。叶鞘光滑，两侧压扁，主脉呈脊，在基部者跨生状，秆上部者长于节间；叶舌具长约2.5毫米纤毛；叶片线形，长10～80厘米，宽3～8毫米，先端长渐尖，基部生疣毛。圆锥花序直立，长5～25厘米，宽1.5～3.5厘米；主轴密生柔毛；总梗长2～5毫米；刚毛粗糙，淡绿色或紫色，长1.5～3厘米；小穗通常单生，偶有双生，线状披针形，长5～8毫米；第一颖微小或缺，长1～3毫米，膜质，先端钝，脉不明显或具1脉；第二颖卵状披针形，先端短尖，具3～5脉，长为小穗1/3～2/3；第一小花中性，第一外稃与小穗等长，具7～11脉；第二外稃与小穗等长，披针形，具5～7脉，边缘包着同质的内稃；鳞被2枚，楔形；雄蕊3枚，花药顶端无毫毛；花柱基部联合。颖果长圆形，长约3.5毫米。花果期夏秋季。

纤维资源植物	禾本科 Poaceae
芦苇 *Phragmites australis*	芦苇属 *Phragmites*

多年生，根状茎十分发达。秆直立，高1~8米，直径1~4厘米，具20多节，基部和上部的节间较短，最长节间位于下部第4~6节，长20~40厘米，节下被蜡粉。叶鞘下部者短而上部者，长于其节间；叶舌边缘密生一圈长约1毫米的短纤毛，两侧缘毛长3~5毫米，易脱落；叶片披针状线形，长30厘米，宽2厘米，无毛，顶端长渐尖成丝形。圆锥花序大型，长20~40厘米，宽约10厘米，分枝多数，长5~20厘米，着生稠密下垂的小穗；小穗柄长2~4毫米，无毛；小穗长约12毫米，含4花；颖具3脉，第一颖长4毫米；第二颖长约7毫米；第一不孕外稃雄性，长约12毫米，第二外稃长11毫米，具3脉，顶端长渐尖，基盘延长，两侧密生等长于外稃的丝状柔毛，与无毛的小穗轴相连接处具明显关节，成熟后易自关节上脱落；内稃长约3毫米，两脊粗糙；雄蕊3，花药长1.5~2毫米，黄色。颖果长约1.5毫米。花期8~10月，果期10~11月。

纤维资源植物
榔榆 Ulmus parvifolia

榆科 Ulmaceae
榆属 Ulmus

落叶乔木，或冬季叶变为黄色或红色宿存至第二年新叶开放后脱落，高达25米，胸径可达1米。树冠广圆形。树干基部有时成板状根。树皮灰色或灰褐色，裂成不规则鳞状薄片剥落，露出红褐色内皮，近平滑，微凹凸不平。当年生枝密被短柔毛，深褐色。冬芽卵圆形，红褐色，无毛。叶质地厚，披针状卵形或窄椭圆形，稀卵形或倒卵形，中脉两侧长宽不等，先端尖或钝，基部偏斜，楔形或一边圆，叶面深绿色，有光泽，除中脉凹陷处有疏柔毛外，余处无毛，侧脉不凹陷，叶背色较浅，幼时被短柔毛，后变无毛或沿脉有疏毛，或脉腋有簇生毛，边缘从基部至先端有钝而整齐的单锯齿，稀重锯齿，侧脉每边10~15条，细脉在两面均明显，叶柄长2~6毫米，仅上面有毛。花3~6数，在叶腋簇生或排成簇状聚伞花序，花被上部杯状，下部管状，花被片4枚，深裂至杯状花被的基部或近基部，花梗极短，被疏毛。翅果椭圆形或卵状椭圆形，除顶端缺口柱头面被毛外，余处无毛，果翅稍厚，基部的柄长约2毫米，两侧的翅较果核部分窄，果核部分位于翅果的中上部，上端接近缺口，花被片脱落或残存，果梗较管状花被短，长1~3毫米，有疏生短毛。花果期8~10月。

纤维资源植物	榆科 Ulmaceae
榆树 *Ulmus pumila*	榆属 *Ulmus*

落叶乔木，高达25米，胸径1米，在干瘠之地长成灌木状。幼树树皮平滑，灰褐色或浅灰色；大树之皮暗灰色，不规则深纵裂，粗糙。小枝无毛或有毛，淡黄灰色、淡褐灰色或灰色，稀淡褐黄色或黄色，有散生皮孔，无膨大的木栓层及突起的木栓翅。冬芽近球形或卵圆形，芽鳞背面无毛，内层芽鳞的边缘具白色长柔毛。叶椭圆状卵形、长卵形、椭圆状披针形或卵状披针形，长2~8厘米，宽1.2~3.5厘米，先端渐尖或长渐尖，基部偏斜或近对称，一侧楔形至圆形，另一侧圆形至半心脏形，叶面平滑无毛，叶背幼时有短柔毛，后变无毛或部分脉腋有簇生毛，边缘具重锯齿或单锯齿，侧脉每边9~16条，叶柄长4~10毫米，通常仅上面有短柔毛。花先叶开放，在去年生枝的叶腋成簇生状。翅果近圆形，稀倒卵状圆形，长1.2~2厘米，除顶端缺口柱头面被毛外，余处无毛；果核部分位于翅果的中部，上端不接近或接近缺口，成熟前后其色与果翅相同，初淡绿色，后白黄色；宿存花被无毛，4浅裂，裂片边缘有毛；果梗较花被短，长1~2毫米，被（或稀无）短柔毛。花果期3~6月（东北较晚）。

纤维资源植物

荆条 *Vitex negundo*

唇形科 Lamiaceae

牡荆属 *Vitex*

小乔木或灌木状。小枝密被灰白色绒毛。小叶片边缘有缺刻状锯齿，浅裂以至深裂，背面密被灰白色绒毛；掌状复叶，小叶3～5；小叶片边缘有缺刻状锯齿，浅裂以至深裂，背面密被灰白色绒毛。聚伞圆锥花序长10～27厘米，花序梗密被灰色绒毛；花萼钟状，具5齿；花冠淡紫色，被绒毛，5裂，二唇形；雄蕊伸出花冠。核果近球形。花期4～5月，果期6～10月。

主要参考文献

陈汉斌,郑亦津,李法曾.山东植物志(上、下卷)[M].山东:青岛出版社,1990.

李法曾,李文清,樊守金.山东木本植物志(上、下卷)[M].北京:科学技术出版社,2016.

中国科学院中国植物志编辑委员会.中国植物志[M].北京:科学出版社,1985.

吴征镒.中国种子植物属的分布区类型[J].云南植物研究,增刊Ⅳ:1–139,1991.

王荷生.华北植物区系地理[M].北京:科学出版社,1997.

王宗训.中国资源植物利用手册[M].北京:科学技术出版社,1989.

戴宝合.野生植物资源学[M].北京:农业出版社,1993.

中国植被编委会.中国植被[M].北京:科学出版社,1980.

中国科学院植物研究所.iplant植物智——植物物种信息系统[EB/OL].([2019–11–23])[2024–01–22].https://www.iplant.cn/.

中国科学院植物研究所.植物科学数据中心[EB/OL].(2024–01–08)[2024–01–23].https://www.plantplus.cn/cn.

附录　长岛植物名录

中文名	学名	科中文名	科学名	属中文名	属学名
全缘贯众	*Cyrtomium falcatum*	鳞毛蕨科	Dryopteridaceae	贯众属	*Cyrtomium*
节节草	*Equisetum ramosissimum*	木贼科	Equisetaceae	木贼属	*Equisetum*
草麻黄	*Ephedra sinica*	麻黄科	Ephedraceae	麻黄属	*Ephedra*
银杏	*Ginkgo biloba*	银杏科	Ginkgoaceae	银杏属	*Ginkgo*
圆柏	*Juniperus chinensis*	柏科	Cupressaceae	刺柏属	*Juniperus*
龙柏	*Juniperus chinensis* 'Kaizuca'	柏科	Cupressaceae	刺柏属	*Juniperus*
水杉	*Metasequoia glyptostroboides*	柏科	Cupressaceae	水杉属	*Metasequoia*
侧柏	*Platycladus orientalis*	柏科	Cupressaceae	侧柏属	*Platycladus*
雪松	*Cedrus deodara*	松科	Pinaceae	雪松属	*Cedrus*
青杆	*Picea wilsonii*	松科	Pinaceae	云杉属	*Picea*
赤松	*Pinus densiflora*	松科	Pinaceae	松属	*Pinus*
黑松	*Pinus thunbergii*	松科	Pinaceae	松属	*Pinus*
北马兜铃	*Aristolochia contorta*	马兜铃科	Aristolochiaceae	马兜铃属	*Aristolochia*
荷花木兰	*Magnolia grandiflora*	木兰科	Magnoliaceae	北美木兰属	*Magnolia*
半夏	*Pinellia ternata*	天南星科	Araceae	半夏属	*Pinellia*
穿龙薯蓣	*Dioscorea nipponica*	薯蓣科	Dioscoreaceae	薯蓣属	*Dioscorea*
薯蓣	*Dioscorea polystachya*	薯蓣科	Dioscoreaceae	薯蓣属	*Dioscorea*
牛尾菜	*Smilax riparia*	菝葜科	Smilacaceae	菝葜属	*Smilax*
华东菝葜	*Smilax sieboldii*	菝葜科	Smilacaceae	菝葜属	*Smilax*
卷丹	*Lilium lancifolium*	百合科	Liliaceae	百合属	*Lilium*
山丹	*Lilium pumilum*	百合科	Liliaceae	百合属	*Lilium*
射干	*Belamcanda chinensis*	鸢尾科	Iridaceae	射干属	*Belamcanda*
野鸢尾	*Iris dichotoma*	鸢尾科	Iridaceae	鸢尾属	*Iris*
马蔺	*Iris lactea*	鸢尾科	Iridaceae	鸢尾属	*Iris*
鸢尾	*Iris tectorum*	鸢尾科	Iridaceae	鸢尾属	*Iris*
黄花菜	*Hemerocallis citrina*	阿福花科	Asphodelaceae	萱草属	*Hemerocallis*
小黄花菜	*Hemerocallis minor*	阿福花科	Asphodelaceae	萱草属	*Hemerocallis*
葱	*Allium fistulosum*	石蒜科	Amaryllidaceae	葱属	*Allium*
薤白	*Allium macrostemon*	石蒜科	Amaryllidaceae	葱属	*Allium*
长梗韭	*Allium neriniflorum*	石蒜科	Amaryllidaceae	葱属	*Allium*
野韭	*Allium ramosum*	石蒜科	Amaryllidaceae	葱属	*Allium*
细叶韭	*Allium tenuissimum*	石蒜科	Amaryllidaceae	葱属	*Allium*
知母	*Anemarrhena asphodeloides*	天门冬科	Asparagaceae	知母属	*Anemarrhena*
攀缘天门冬	*Asparagus brachyphyllus*	天门冬科	Asparagaceae	天门冬属	*Asparagus*
兴安天门冬	*Asparagus dauricus*	天门冬科	Asparagaceae	天门冬属	*Asparagus*
长花天门冬	*Asparagus longiflorus*	天门冬科	Asparagaceae	天门冬属	*Asparagus*
南玉带	*Asparagus oligoclonos*	天门冬科	Asparagaceae	天门冬属	*Asparagus*
绵枣儿	*Barnardia japonica*	天门冬科	Asparagaceae	绵枣儿属	*Barnardia*
禾叶山麦冬	*Liriope graminifolia*	天门冬科	Asparagaceae	山麦冬属	*Liriope*

（续）

中文名	学名	科中文名	科学名	属中文名	属学名
山麦冬	*Liriope spicata*	天门冬科	Asparagaceae	山麦冬属	*Liriope*
麦冬	*Ophiopogon japonicus*	天门冬科	Asparagaceae	沿阶草属	*Ophiopogon*
热河黄精	*Polygonatum macropodum*	天门冬科	Asparagaceae	黄精属	*Polygonatum*
玉竹	*Polygonatum odoratum*	天门冬科	Asparagaceae	黄精属	*Polygonatum*
黄精	*Polygonatum sibiricum*	天门冬科	Asparagaceae	黄精属	*Polygonatum*
凤尾丝兰	*Yucca gloriosa*	天门冬科	Asparagaceae	丝兰属	*Yucca*
饭包草	*Commelina benghalensis*	鸭跖草科	Commelinaceae	鸭跖草属	*Commelina*
鸭跖草	*Commelina communis*	鸭跖草科	Commelinaceae	鸭跖草属	*Commelina*
灯芯草	*Juncus effusus*	灯芯草科	Juncaceae	灯芯草属	*Juncus*
青绿薹草	*Carex breviculmis*	莎草科	Cyperaceae	薹草属	*Carex*
白颖薹草	*Carex duriuscula* subsp. *rigescens*	莎草科	Cyperaceae	薹草属	*Carex*
异穗薹草	*Carex heterostachya*	莎草科	Cyperaceae	薹草属	*Carex*
大披针薹草	*Carex lanceolata*	莎草科	Cyperaceae	薹草属	*Carex*
头状穗莎草	*Cyperus glomeratus*	莎草科	Cyperaceae	莎草属	*Cyperus*
具芒碎米莎草	*Cyperus microiria*	莎草科	Cyperaceae	莎草属	*Cyperus*
京芒草	*Achnatherum pekinense*	禾本科	Poaceae	羽茅属	*Achnatherum*
荩草	*Arthraxon hispidus*	禾本科	Poaceae	荩草属	*Arthraxon*
矛叶荩草	*Arthraxon prionodes*	禾本科	Poaceae	荩草属	*Arthraxon*
野古草	*Arundinella hirta*	禾本科	Poaceae	野古草属	*Arundinella*
芦竹	*Arundo donax*	禾本科	Poaceae	芦竹属	*Arundo*
白羊草	*Bothriochloa ischaemum*	禾本科	Poaceae	孔颖草属	*Bothriochloa*
雀麦	*Bromus japonicus*	禾本科	Poaceae	雀麦属	*Bromus*
拂子茅	*Calamagrostis epigeios*	禾本科	Poaceae	拂子茅属	*Calamagrostis*
假苇拂子茅	*Calamagrostis pseudophragmites*	禾本科	Poaceae	拂子茅属	*Calamagrostis*
细柄草	*Capillipedium parviflorum*	禾本科	Poaceae	细柄草属	*Capillipedium*
虎尾草	*Chloris virgata*	禾本科	Poaceae	虎尾草属	*Chloris*
朝阳隐子草	*Cleistogenes hackelii*	禾本科	Poaceae	隐子草属	*Cleistogenes*
多叶隐子草	*Cleistogenes polyphylla*	禾本科	Poaceae	隐子草属	*Cleistogenes*
橘草	*Cymbopogon goeringii*	禾本科	Poaceae	香茅属	*Cymbopogon*
狗牙根	*Cynodon dactylon*	禾本科	Poaceae	狗牙根属	*Cynodon*
野青茅	*Deyeuxia pyramidalis*	禾本科	Poaceae	野青茅属	*Deyeuxia*
毛马唐	*Digitaria ciliaris* var. *chrysoblephara*	禾本科	Poaceae	马唐属	*Digitaria*
马唐	*Digitaria sanguinalis*	禾本科	Poaceae	马唐属	*Digitaria*
光头稗	*Echinochloa colona*	禾本科	Poaceae	稗属	*Echinochloa*
牛筋草	*Eleusine indica*	禾本科	Poaceae	穇属	*Eleusine*
纤毛鹅观草	*Elymus ciliaris*	禾本科	Poaceae	披碱草属	*Elymus*
披碱草	*Elymus dahuricus*	禾本科	Poaceae	披碱草属	*Elymus*
鹅观草	*Elymus kamoji*	禾本科	Poaceae	披碱草属	*Elymus*

（续）

中文名	学名	科中文名	科学名	属中文名	属学名
大画眉草	Eragrostis cilianensis	禾本科	Poaceae	画眉草属	Eragrostis
小画眉草	Eragrostis minor	禾本科	Poaceae	画眉草属	Eragrostis
画眉草	Eragrostis pilosa	禾本科	Poaceae	画眉草属	Eragrostis
大牛鞭草	Hemarthria altissima	禾本科	Poaceae	牛鞭草属	Hemarthria
芒颖大麦草	Hordeum jubatum	禾本科	Poaceae	大麦属	Hordeum
白茅	Imperata cylindrica	禾本科	Poaceae	白茅属	Imperata
洽草	Koeleria macrantha	禾本科	Poaceae	洽草属	Koeleria
羊草	Leymus chinensis	禾本科	Poaceae	赖草属	Leymus
黑麦草	Lolium perenne	禾本科	Poaceae	黑麦草属	Lolium
欧黑麦草	Lolium persicum	禾本科	Poaceae	黑麦草属	Lolium
臭草	Melica scabrosa	禾本科	Poaceae	臭草属	Melica
荻	Miscanthus sacchariflorus	禾本科	Poaceae	芒属	Miscanthus
芒	Miscanthus sinensis	禾本科	Poaceae	芒属	Miscanthus
粉黛乱子草	Muhlenbergia capillaris	禾本科	Poaceae	乱子草属	Muhlenbergia
乱子草	Muhlenbergia huegelii	禾本科	Poaceae	乱子草属	Muhlenbergia
求米草	Oplismenus undulatifolius	禾本科	Poaceae	求米草属	Oplismenus
糠稷	Panicum bisulcatum	禾本科	Poaceae	黍属	Panicum
旱黍草	Panicum elegantissimum	禾本科	Poaceae	黍属	Panicum
柳枝稷	Panicum virgatum	禾本科	Poaceae	黍属	Panicum
狼尾草	Pennisetum alopecuroides	禾本科	Poaceae	狼尾草属	Pennisetum
芦苇	Phragmites australis	禾本科	Poaceae	芦苇属	Phragmites
早园竹	Phyllostachys propinqua	禾本科	Poaceae	刚竹属	Phyllostachys
草地早熟禾	Poa pratensis	禾本科	Poaceae	早熟禾属	Poa
大狗尾草	Setaria faberi	禾本科	Poaceae	狗尾草属	Setaria
金色狗尾草	Setaria pumila	禾本科	Poaceae	狗尾草属	Setaria
狗尾草	Setaria viridis	禾本科	Poaceae	狗尾草属	Setaria
大油芒	Spodiopogon sibiricus	禾本科	Poaceae	大油芒属	Spodiopogon
黄背草	Themeda triandra	禾本科	Poaceae	菅属	Themeda
结缕草	Zoysia japonica	禾本科	Poaceae	结缕草属	Zoysia
细叶结缕草	Zoysia pacifica	禾本科	Poaceae	结缕草属	Zoysia
地丁草	Corydalis bungeana	罂粟科	Papaveraceae	紫堇属	Corydalis
小药八旦子	Corydalis caudata	罂粟科	Papaveraceae	紫堇属	Corydalis
木防己	Cocculus orbiculatus	防己科	Menispermaceae	木防己属	Cocculus
紫叶小檗	Berberis thunbergii 'Atropurpurea'	小檗科	Berberidaceae	小檗属	Berberis
南天竹	Nandina domestica	小檗科	Berberidaceae	南天竹属	Nandina
大叶铁线莲	Clematis heracleifolia	毛茛科	Ranunculaceae	铁线莲属	Clematis
棉团铁线莲	Clematis hexapetala	毛茛科	Ranunculaceae	铁线莲属	Clematis
白头翁	Pulsatilla chinensis	毛茛科	Ranunculaceae	白头翁属	Pulsatilla

（续）

中文名	学名	科中文名	科学名	属中文名	属学名
东亚唐松草	Thalictrum minus var. hypoleucum	毛茛科	Ranunculaceae	唐松草属	Thalictrum
二球悬铃木	Platanus acerifolia	悬铃木科	Platanaceae	悬铃木属	Platanus
一球悬铃木	Platanus occidentalis	悬铃木科	Platanaceae	悬铃木属	Platanus
小叶黄杨	Buxus sinica var. parvifolia	黄杨科	Buxaceae	黄杨属	Buxus
钝叶瓦松	Hylotelephium malacophyllum	景天科	Crassulaceae	八宝属	Hylotelephium
长药八宝	Hylotelephium spectabile	景天科	Crassulaceae	八宝属	Hylotelephium
瓦松	Orostachys fimbriata	景天科	Crassulaceae	瓦松属	Orostachys
晚红瓦松	Orostachys japonica	景天科	Crassulaceae	瓦松属	Orostachys
费菜	Phedimus aizoon	景天科	Crassulaceae	费菜属	Phedimus
堪察加费菜	Phedimus kamtschaticus	景天科	Crassulaceae	费菜属	Phedimus
葎叶蛇葡萄	Ampelopsis humulifolia	葡萄科	Vitaceae	蛇葡萄属	Ampelopsis
白蔹	Ampelopsis japonica	葡萄科	Vitaceae	蛇葡萄属	Ampelopsis
乌蔹莓	Causonis japonica	葡萄科	Vitaceae	乌蔹莓属	Causonis
五叶地锦	Parthenocissus quinquefolia	葡萄科	Vitaceae	地锦属	Parthenocissus
地锦	Parthenocissus tricuspidata	葡萄科	Vitaceae	地锦属	Parthenocissus
山葡萄	Vitis amurensis	葡萄科	Vitaceae	葡萄属	Vitis
蒺藜	Tribulus terrestris	蒺藜科	Zygophyllaceae	蒺藜属	Tribulus
合欢	Albizia julibrissin	豆科	Fabaceae	合欢属	Albizia
山槐	Albizia kalkora	豆科	Fabaceae	合欢属	Albizia
紫穗槐	Amorpha fruticosa	豆科	Fabaceae	紫穗槐属	Amorpha
两型豆	Amphicarpaea edgeworthii	豆科	Fabaceae	两型豆属	Amphicarpaea
达乌里黄芪	Astragalus dahuricus	豆科	Fabaceae	黄芪属	Astragalus
糙叶黄芪	Astragalus scaberrimus	豆科	Fabaceae	黄芪属	Astragalus
毛掌叶锦鸡儿	Caragana leveillei	豆科	Fabaceae	锦鸡儿属	Caragana
红花锦鸡儿	Caragana rosea	豆科	Fabaceae	锦鸡儿属	Caragana
锦鸡儿	Caragana sinica	豆科	Fabaceae	锦鸡儿属	Caragana
紫荆	Cercis chinensis	豆科	Fabaceae	紫荆属	Cercis
豆茶山扁豆	Chamaecrista nomame	豆科	Fabaceae	山扁豆属	Chamaecrista
山皂荚	Gleditsia japonica	豆科	Fabaceae	皂荚属	Gleditsia
皂荚	Gleditsia sinensis	豆科	Fabaceae	皂荚属	Gleditsia
米口袋	Gueldenstaedtia verna	豆科	Fabaceae	米口袋属	Gueldenstaedtia
河北木蓝	Indigofera bungeana	豆科	Fabaceae	木蓝属	Indigofera
花木蓝	Indigofera kirilowii	豆科	Fabaceae	木蓝属	Indigofera
鸡眼草	Kummerowia striata	豆科	Fabaceae	鸡眼草属	Kummerowia
胡枝子	Lespedeza bicolor	豆科	Fabaceae	胡枝子属	Lespedeza
长叶胡枝子	Lespedeza caraganae	豆科	Fabaceae	胡枝子属	Lespedeza
截叶铁扫帚	Lespedeza cuneata	豆科	Fabaceae	胡枝子属	Lespedeza
兴安胡枝子	Lespedeza davurica	豆科	Fabaceae	胡枝子属	Lespedeza

（续）

中文名	学名	科中文名	科学名	属中文名	属学名
多花胡枝子	*Lespedeza floribunda*	豆科	Fabaceae	胡枝子属	*Lespedeza*
尖叶铁扫帚	*Lespedeza juncea*	豆科	Fabaceae	胡枝子属	*Lespedeza*
牛枝子	*Lespedeza potaninii*	豆科	Fabaceae	胡枝子属	*Lespedeza*
绒毛胡枝子	*Lespedeza tomentosa*	豆科	Fabaceae	胡枝子属	*Lespedeza*
天蓝苜蓿	*Medicago lupulina*	豆科	Fabaceae	苜蓿属	*Medicago*
苜蓿	*Medicago sativa*	豆科	Fabaceae	苜蓿属	*Medicago*
白花草木樨	*Melilotus albus*	豆科	Fabaceae	草木樨属	*Melilotus*
黄香草木樨	*Melilotus officinalis*	豆科	Fabaceae	草木樨属	*Melilotus*
葛	*Pueraria montana* var. *lobata*	豆科	Fabaceae	葛属	*Pueraria*
刺槐	*Robinia pseudoacacia*	豆科	Fabaceae	刺槐属	*Robinia*
苦参	*Sophora flavescens*	豆科	Fabaceae	苦参属	*Sophora*
槐	*Styphnolobium japonicum*	豆科	Fabaceae	槐属	*Styphnolobium*
白车轴草	*Trifolium repens*	豆科	Fabaceae	车轴草属	*Trifolium*
山野豌豆	*Vicia amoena*	豆科	Fabaceae	野豌豆属	*Vicia*
大花野豌豆	*Vicia bungei*	豆科	Fabaceae	野豌豆属	*Vicia*
广布野豌豆	*Vicia cracca*	豆科	Fabaceae	野豌豆属	*Vicia*
贼小豆	*Vigna minima*	豆科	Fabaceae	豇豆属	*Vigna*
三裂叶绿豆	*Vigna radiata* var. *sublobata*	豆科	Fabaceae	豇豆属	*Vigna*
紫藤	*Wisteria sinensis*	豆科	Fabaceae	紫藤属	*Wisteria*
远志	*Polygala tenuifolia*	远志科	Polygalaceae	远志属	*Polygala*
龙牙草	*Agrimonia pilosa*	蔷薇科	Rosaceae	龙牙草属	*Agrimonia*
水枸子	*Cotoneaster multiflorus*	蔷薇科	Rosaceae	枸子属	*Cotoneaster*
山楂	*Crataegus pinnatifida*	蔷薇科	Rosaceae	山楂属	*Crataegus*
草莓	*Fragaria* × *ananassa*	蔷薇科	Rosaceae	草莓属	*Fragaria*
棣棠	*Kerria japonica*	蔷薇科	Rosaceae	棣棠花属	*Kerria*
西府海棠	*Malus* × *micromalus*	蔷薇科	Rosaceae	苹果属	*Malus*
苹果	*Malus pumila*	蔷薇科	Rosaceae	苹果属	*Malus*
红叶石楠	*Photinia* × *fraseri*	蔷薇科	Rosaceae	石楠属	*Photinia*
委陵菜	*Potentilla chinensis*	蔷薇科	Rosaceae	委陵菜属	*Potentilla*
朝天委陵菜	*Potentilla supina*	蔷薇科	Rosaceae	委陵菜属	*Potentilla*
菊叶委陵菜	*Potentilla tanacetifolia*	蔷薇科	Rosaceae	委陵菜属	*Potentilla*
紫叶李	*Prunus cerasifera* 'Atropurpurea'	蔷薇科	Rosaceae	李属	*Prunus*
山桃	*Prunus davidiana*	蔷薇科	Rosaceae	李属	*Prunus*
欧李	*Prunus humilis*	蔷薇科	Rosaceae	李属	*Prunus*
日本晚樱	*Prunus serrulata* var. *lannesiana*	蔷薇科	Rosaceae	李属	*Prunus*
山杏	*Prunus sibirica*	蔷薇科	Rosaceae	李属	*Prunus*
毛樱桃	*Prunus tomentosa*	蔷薇科	Rosaceae	李属	*Prunus*
榆叶梅	*Prunus triloba*	蔷薇科	Rosaceae	李属	*Prunus*

（续）

中文名	学名	科中文名	科学名	属中文名	属学名
火棘	*Pyracantha fortuneana*	蔷薇科	Rosaceae	火棘属	*Pyracantha*
豆梨	*Pyrus calleryana*	蔷薇科	Rosaceae	梨属	*Pyrus*
月季花	*Rosa chinensis*	蔷薇科	Rosaceae	蔷薇属	*Rosa*
野蔷薇	*Rosa multiflora*	蔷薇科	Rosaceae	蔷薇属	*Rosa*
玫瑰	*Rosa rugosa*	蔷薇科	Rosaceae	蔷薇属	*Rosa*
茅莓	*Rubus parvifolius*	蔷薇科	Rosaceae	悬钩子属	*Rubus*
地榆	*Sanguisorba officinalis*	蔷薇科	Rosaceae	地榆属	*Sanguisorba*
三裂绣线菊	*Spiraea trilobata*	蔷薇科	Rosaceae	绣线菊属	*Spiraea*
牛奶子	*Elaeagnus umbellata*	胡颓子科	Elaeagnaceae	胡颓子属	*Elaeagnus*
长叶冻绿	*Frangula crenata*	鼠李科	Rhamnaceae	裸芽鼠李属	*Frangula*
猫乳	*Rhamnella franguloides*	鼠李科	Rhamnaceae	猫乳属	*Rhamnella*
圆叶鼠李	*Rhamnus globosa*	鼠李科	Rhamnaceae	鼠李属	*Rhamnus*
小叶鼠李	*Rhamnus parvifolia*	鼠李科	Rhamnaceae	鼠李属	*Rhamnus*
酸枣	*Ziziphus jujuba* var. *spinosa*	鼠李科	Rhamnaceae	枣属	*Ziziphus*
刺榆	*Hemiptelea davidii*	榆科	Ulmaceae	刺榆属	*Hemiptelea*
春榆	*Ulmus davidiana* var. *japonica*	榆科	Ulmaceae	榆属	*Ulmus*
大果榆	*Ulmus macrocarpa*	榆科	Ulmaceae	榆属	*Ulmus*
榔榆	*Ulmus parvifolia*	榆科	Ulmaceae	榆属	*Ulmus*
榆树	*Ulmus pumila*	榆科	Ulmaceae	榆属	*Ulmus*
大麻	*Cannabis sativa*	大麻科	Cannabaceae	大麻属	*Cannabis*
黑弹树	*Celtis bungeana*	大麻科	Cannabaceae	朴属	*Celtis*
葎草	*Humulus scandens*	大麻科	Cannabaceae	葎草属	*Humulus*
构	*Broussonetia papyrifera*	桑科	Moraceae	构属	*Broussonetia*
无花果	*Ficus carica*	桑科	Moraceae	榕属	*Ficus*
柘	*Maclura tricuspidata*	桑科	Moraceae	橙桑属	*Maclura*
桑	*Morus alba*	桑科	Moraceae	桑属	*Morus*
蒙桑	*Morus mongolica*	桑科	Moraceae	桑属	*Morus*
麻栎	*Quercus acutissima*	壳斗科	Fagaceae	栎属	*Quercus*
槲树	*Quercus dentata*	壳斗科	Fagaceae	栎属	*Quercus*
蒙古栎	*Quercus mongolica*	壳斗科	Fagaceae	栎属	*Quercus*
栓皮栎	*Quercus variabilis*	壳斗科	Fagaceae	栎属	*Quercus*
胡桃	*Juglans regia*	胡桃科	Juglandaceae	胡桃属	*Juglans*
栝楼	*Trichosanthes kirilowii*	葫芦科	Cucurbitaceae	栝楼属	*Trichosanthes*
南蛇藤	*Celastrus orbiculatus*	卫矛科	Celastraceae	南蛇藤属	*Celastrus*
卫矛	*Euonymus alatus*	卫矛科	Celastraceae	卫矛属	*Euonymus*
扶芳藤	*Euonymus fortunei*	卫矛科	Celastraceae	卫矛属	*Euonymus*
冬青卫矛	*Euonymus japonicus*	卫矛科	Celastraceae	卫矛属	*Euonymus*
白杜	*Euonymus maackii*	卫矛科	Celastraceae	卫矛属	*Euonymus*

（续）

中文名	学名	科中文名	科学名	属中文名	属学名
酢浆草	*Oxalis corniculata*	酢浆草科	Oxalidaceae	酢浆草属	*Oxalis*
茜堇菜	*Viola phalacrocarpa*	堇菜科	Violaceae	堇菜属	*Viola*
早开堇菜	*Viola prionantha*	堇菜科	Violaceae	堇菜属	*Viola*
北京杨	*Populus × beijingensis*	杨柳科	Salicaceae	杨属	*Populus*
银白杨	*Populus alba*	杨柳科	Salicaceae	杨属	*Populus*
毛白杨	*Populus tomentosa*	杨柳科	Salicaceae	杨属	*Populus*
旱柳	*Salix matsudana*	杨柳科	Salicaceae	柳属	*Salix*
铁苋菜	*Acalypha australis*	大戟科	Euphorbiaceae	铁苋菜属	*Acalypha*
乳浆大戟	*Euphorbia esula*	大戟科	Euphorbiaceae	大戟属	*Euphorbia*
狼毒大戟	*Euphorbia fischeriana*	大戟科	Euphorbiaceae	大戟属	*Euphorbia*
泽漆	*Euphorbia helioscopia*	大戟科	Euphorbiaceae	大戟属	*Euphorbia*
地锦草	*Euphorbia humifusa*	大戟科	Euphorbiaceae	大戟属	*Euphorbia*
斑地锦草	*Euphorbia maculata*	大戟科	Euphorbiaceae	大戟属	*Euphorbia*
大戟	*Euphorbia pekinensis*	大戟科	Euphorbiaceae	大戟属	*Euphorbia*
匍匐大戟	*Euphorbia prostrata*	大戟科	Euphorbiaceae	大戟属	*Euphorbia*
地构叶	*Speranskia tuberculata*	大戟科	Euphorbiaceae	地构叶属	*Speranskia*
一叶萩	*Flueggea suffruticosa*	叶下珠科	Phyllanthaceae	白饭树属	*Flueggea*
牻牛儿苗	*Erodium stephanianum*	牻牛儿苗科	Geraniaceae	牻牛儿苗属	*Erodium*
鼠掌老鹳草	*Geranium sibiricum*	牻牛儿苗科	Geraniaceae	老鹳草属	*Geranium*
紫薇	*Lagerstroemia indica*	千屈菜科	Lythraceae	紫薇属	*Lagerstroemia*
石榴	*Punica granatum*	千屈菜科	Lythraceae	石榴属	*Punica*
小花山桃草	*Gaura parviflora*	柳叶菜科	Onagraceae	山桃草属	*Gaura*
月见草	*Oenothera biennis*	柳叶菜科	Onagraceae	月见草属	*Oenothera*
黄栌	*Cotinus coggygria* var. *cinereus*	漆树科	Anacardiaceae	黄栌属	*Cotinus*
盐肤木	*Rhus chinensis*	漆树科	Anacardiaceae	盐肤木属	*Rhus*
火炬树	*Rhus typhina*	漆树科	Anacardiaceae	盐肤木属	*Rhus*
梣叶槭	*Acer negundo*	无患子科	Sapindaceae	槭属	*Acer*
银白槭	*Acer saccharinum*	无患子科	Sapindaceae	槭属	*Acer*
元宝槭	*Acer truncatum*	无患子科	Sapindaceae	槭属	*Acer*
复羽叶栾	*Koelreuteria bipinnata*	无患子科	Sapindaceae	栾属	*Koelreuteria*
栾	*Koelreuteria paniculata*	无患子科	Sapindaceae	栾属	*Koelreuteria*
文冠果	*Xanthoceras sorbifolium*	无患子科	Sapindaceae	文冠果属	*Xanthoceras*
臭檀吴萸	*Tetradium daniellii*	芸香科	Rutaceae	吴茱萸属	*Tetradium*
花椒	*Zanthoxylum bungeanum*	芸香科	Rutaceae	花椒属	*Zanthoxylum*
青花椒	*Zanthoxylum schinifolium*	芸香科	Rutaceae	花椒属	*Zanthoxylum*
野花椒	*Zanthoxylum simulans*	芸香科	Rutaceae	花椒属	*Zanthoxylum*
臭椿	*Ailanthus altissima*	苦木科	Simaroubaceae	臭椿属	*Ailanthus*
苦木	*Picrasma quassioides*	苦木科	Simaroubaceae	苦木属	*Picrasma*

（续）

中文名	学名	科中文名	科学名	属中文名	属学名
楝	*Melia azedarach*	楝科	Meliaceae	楝属	*Melia*
香椿	*Toona sinensis*	楝科	Meliaceae	香椿属	*Toona*
苘麻	*Abutilon theophrasti*	锦葵科	Malvaceae	苘麻属	*Abutilon*
梧桐	*Firmiana simplex*	锦葵科	Malvaceae	梧桐属	*Firmiana*
扁担杆	*Grewia biloba*	锦葵科	Malvaceae	扁担杆属	*Grewia*
木槿	*Hibiscus syriacus*	锦葵科	Malvaceae	木槿属	*Hibiscus*
野西瓜苗	*Hibiscus trionum*	锦葵科	Malvaceae	木槿属	*Hibiscus*
圆叶锦葵	*Malva pusilla*	锦葵科	Malvaceae	锦葵属	*Malva*
冬葵	*Malva verticillata* var. *crispa*	锦葵科	Malvaceae	锦葵属	*Malva*
荠	*Capsella bursa-pastoris*	十字花科	Brassicaceae	荠属	*Capsella*
粗毛碎米荠	*Cardamine hirsuta*	十字花科	Brassicaceae	碎米荠属	*Cardamine*
碎米荠	*Cardamine occulta*	十字花科	Brassicaceae	碎米荠属	*Cardamine*
播娘蒿	*Descurainia sophia*	十字花科	Brassicaceae	播娘蒿属	*Descurainia*
北美独行菜	*Lepidium virginicum*	十字花科	Brassicaceae	独行菜属	*Lepidium*
诸葛菜	*Orychophragmus violaceus*	十字花科	Brassicaceae	诸葛菜属	*Orychophragmus*
沼生蔊菜	*Rorippa palustris*	十字花科	Brassicaceae	蔊菜属	*Rorippa*
菥蓂	*Thlaspi arvense*	十字花科	Brassicaceae	菥蓂属	*Thlaspi*
柽柳	*Tamarix chinensis*	柽柳科	Tamaricaceae	柽柳属	*Tamarix*
二色补血草	*Limonium bicolor*	白花丹科	Plumbaginaceae	补血草属	*Limonium*
烟台补血草	*Limonium franchetii*	白花丹科	Plumbaginaceae	补血草属	*Limonium*
齿翅蓼	*Fallopia dentatoalata*	蓼科	Polygonaceae	藤蓼属	*Fallopia*
叉分蓼	*Koenigia divaricata*	蓼科	Polygonaceae	冰岛蓼属	*Koenigia*
柳叶刺蓼	*Persicaria bungeana*	蓼科	Polygonaceae	蓼属	*Persicaria*
酸模叶蓼	*Persicaria lapathifolia*	蓼科	Polygonaceae	蓼属	*Persicaria*
何首乌	*Pleuropterus multiflorus*	蓼科	Polygonaceae	何首乌属	*Pleuropterus*
萹蓄	*Polygonum aviculare*	蓼科	Polygonaceae	萹蓄属	*Polygonum*
习见萹蓄	*Polygonum plebeium*	蓼科	Polygonaceae	萹蓄属	*Polygonum*
虎杖	*Reynoutria japonica*	蓼科	Polygonaceae	虎杖属	*Reynoutria*
皱叶酸模	*Rumex crispus*	蓼科	Polygonaceae	酸模属	*Rumex*
齿果酸模	*Rumex dentatus*	蓼科	Polygonaceae	酸模属	*Rumex*
羊蹄	*Rumex japonicus*	蓼科	Polygonaceae	酸模属	*Rumex*
巴天酸模	*Rumex patientia*	蓼科	Polygonaceae	酸模属	*Rumex*
石竹	*Dianthus chinensis*	石竹科	Caryophyllaceae	石竹属	*Dianthus*
长蕊石头花	*Gypsophila oldhamiana*	石竹科	Caryophyllaceae	石头花属	*Gypsophila*
漆姑草	*Sagina japonica*	石竹科	Caryophyllaceae	漆姑草属	*Sagina*
女娄菜	*Silene aprica*	石竹科	Caryophyllaceae	蝇子草属	*Silene*
鹅肠菜	*Stellaria aquatica*	石竹科	Caryophyllaceae	繁缕属	*Stellaria*
叉歧繁缕	*Stellaria dichotoma*	石竹科	Caryophyllaceae	繁缕属	*Stellaria*

(续)

中文名	学名	科中文名	科学名	属中文名	属学名
繁缕	*Stellaria media*	石竹科	Caryophyllaceae	繁缕属	*Stellaria*
无瓣繁缕	*Stellaria pallida*	石竹科	Caryophyllaceae	繁缕属	*Stellaria*
牛膝	*Achyranthes bidentata*	苋科	Amaranthaceae	牛膝属	*Achyranthes*
喜旱莲子草	*Alternanthera philoxeroides*	苋科	Amaranthaceae	莲子草属	*Alternanthera*
凹头苋	*Amaranthus blitum*	苋科	Amaranthaceae	苋属	*Amaranthus*
老鸦谷	*Amaranthus cruentus*	苋科	Amaranthaceae	苋属	*Amaranthus*
绿穗苋	*Amaranthus hybridus*	苋科	Amaranthaceae	苋属	*Amaranthus*
皱果苋	*Amaranthus viridis*	苋科	Amaranthaceae	苋属	*Amaranthus*
地肤	*Bassia scoparia*	苋科	Amaranthaceae	沙冰藜属	*Bassia*
杂配藜	*Chenopodiastrum hybridum*	苋科	Amaranthaceae	麻叶藜属	*Chenopodiastrum*
藜	*Chenopodium album*	苋科	Amaranthaceae	藜属	*Chenopodium*
小藜	*Chenopodium ficifolium*	苋科	Amaranthaceae	藜属	*Chenopodium*
软毛虫实	*Corispermum puberulum*	苋科	Amaranthaceae	虫实属	*Corispermum*
猪毛菜	*Kali collinum*	苋科	Amaranthaceae	猪毛菜属	*Kali*
灰绿藜	*Oxybasis glauca*	苋科	Amaranthaceae	红叶藜属	*Oxybasis*
碱蓬	*Suaeda glauca*	苋科	Amaranthaceae	碱蓬属	*Suaeda*
盐地碱蓬	*Suaeda salsa*	苋科	Amaranthaceae	碱蓬属	*Suaeda*
垂序商陆	*Phytolacca americana*	商陆科	Phytolaccaceae	商陆属	*Phytolacca*
落葵	*Basella alba*	落葵科	Basellaceae	落葵属	*Basella*
马齿苋	*Portulaca oleracea*	马齿苋科	Portulacaceae	马齿苋属	*Portulaca*
大花溲疏	*Deutzia grandiflora*	绣球花科	Hydrangeaceae	溲疏属	*Deutzia*
柿	*Diospyros kaki*	柿科	Ebenaceae	柿属	*Diospyros*
君迁子	*Diospyros lotus*	柿科	Ebenaceae	柿属	*Diospyros*
狼尾花	*Lysimachia barystachys*	报春花科	Primulaceae	珍珠菜属	*Lysimachia*
狭叶珍珠菜	*Lysimachia pentapetala*	报春花科	Primulaceae	珍珠菜属	*Lysimachia*
矮桃	*Lysimachia clethroides*	报春花科	Primulaceae	珍珠菜属	*Lysimachia*
中华猕猴桃	*Actinidia chinensis*	猕猴桃科	Actinidiaceae	猕猴桃属	*Actinidia*
照山白	*Rhododendron micranthum*	杜鹃花科	Ericaceae	杜鹃花属	*Rhododendron*
拉拉藤	*Galium spurium*	茜草科	Rubiaceae	拉拉藤属	*Galium*
蓬子菜	*Galium verum*	茜草科	Rubiaceae	拉拉藤属	*Galium*
茜草	*Rubia cordifolia*	茜草科	Rubiaceae	茜草属	*Rubia*
林生茜草	*Rubia sylvatica*	茜草科	Rubiaceae	茜草属	*Rubia*
山东茜草	*Rubia truppeliana*	茜草科	Rubiaceae	茜草属	*Rubia*
罗布麻	*Apocynum venetum*	夹竹桃科	Apocynaceae	罗布麻属	*Apocynum*
牛皮消	*Cynanchum auriculatum*	夹竹桃科	Apocynaceae	鹅绒藤属	*Cynanchum*
鹅绒藤	*Cynanchum chinense*	夹竹桃科	Apocynaceae	鹅绒藤属	*Cynanchum*
萝藦	*Cynanchum rostellatum*	夹竹桃科	Apocynaceae	鹅绒藤属	*Cynanchum*
地梢瓜	*Cynanchum thesioides*	夹竹桃科	Apocynaceae	鹅绒藤属	*Cynanchum*

(续)

中文名	学名	科中文名	科学名	属中文名	属学名
隔山消	*Cynanchum wilfordii*	夹竹桃科	Apocynaceae	鹅绒藤属	*Cynanchum*
杠柳	*Periploca sepium*	夹竹桃科	Apocynaceae	杠柳属	*Periploca*
徐长卿	*Vincetoxicum pycnostelma*	夹竹桃科	Apocynaceae	白前属	*Vincetoxicum*
变色白前	*Vincetoxicum versicolor*	夹竹桃科	Apocynaceae	白前属	*Vincetoxicum*
狭苞斑种草	*Bothriospermum kusnetzowii*	紫草科	Boraginaceae	斑种草属	*Bothriospermum*
多苞斑种草	*Bothriospermum secundum*	紫草科	Boraginaceae	斑种草属	*Bothriospermum*
鹤虱	*Lappula myosotis*	紫草科	Boraginaceae	鹤虱属	*Lappula*
田紫草	*Lithospermum arvense*	紫草科	Boraginaceae	紫草属	*Lithospermum*
弯齿盾果草	*Thyrocarpus glochidiatus*	紫草科	Boraginaceae	盾果草属	*Thyrocarpus*
砂引草	*Tournefortia sibirica*	紫草科	Boraginaceae	紫丹属	*Tournefortia*
附地菜	*Trigonotis peduncularis*	紫草科	Boraginaceae	附地菜属	*Trigonotis*
打碗花	*Calystegia hederacea*	旋花科	Convolvulaceae	打碗花属	*Calystegia*
藤长苗	*Calystegia pellita*	旋花科	Convolvulaceae	打碗花属	*Calystegia*
旋花	*Calystegia sepium*	旋花科	Convolvulaceae	打碗花属	*Calystegia*
肾叶打碗花	*Calystegia soldanella*	旋花科	Convolvulaceae	打碗花属	*Calystegia*
银灰旋花	*Convolvulus ammannii*	旋花科	Convolvulaceae	旋花属	*Convolvulus*
田旋花	*Convolvulus arvensis*	旋花科	Convolvulaceae	旋花属	*Convolvulus*
牵牛	*Ipomoea nil*	旋花科	Convolvulaceae	番薯属	*Ipomoea*
圆叶牵牛	*Ipomoea purpurea*	旋花科	Convolvulaceae	番薯属	*Ipomoea*
北鱼黄草	*Merremia sibirica*	旋花科	Convolvulaceae	鱼黄草属	*Merremia*
毛曼陀罗	*Datura innoxia*	茄科	Solanaceae	曼陀罗属	*Datura*
曼陀罗	*Datura stramonium*	茄科	Solanaceae	曼陀罗属	*Datura*
枸杞	*Lycium chinense*	茄科	Solanaceae	枸杞属	*Lycium*
白英	*Solanum lyratum*	茄科	Solanaceae	茄属	*Solanum*
龙葵	*Solanum nigrum*	茄科	Solanaceae	茄属	*Solanum*
雪柳	*Fontanesia philliraeoides*	木樨科	Oleaceae	雪柳属	*Fontanesia*
连翘	*Forsythia suspensa*	木樨科	Oleaceae	连翘属	*Forsythia*
金钟花	*Forsythia viridissima*	木樨科	Oleaceae	连翘属	*Forsythia*
白蜡树	*Fraxinus chinensis*	木樨科	Oleaceae	梣属	*Fraxinus*
美国红梣	*Fraxinus pennsylvanica*	木樨科	Oleaceae	梣属	*Fraxinus*
椒叶梣	*Fraxinus xanthoxyloides*	木樨科	Oleaceae	梣属	*Fraxinus*
迎春花	*Jasminum nudiflorum*	木樨科	Oleaceae	素馨属	*Jasminum*
女贞	*Ligustrum lucidum*	木樨科	Oleaceae	女贞属	*Ligustrum*
小叶女贞	*Ligustrum quihoui*	木樨科	Oleaceae	女贞属	*Ligustrum*
小叶巧玲花	*Syringa pubescens* subsp. *microphylla*	木樨科	Oleaceae	丁香属	*Syringa*
欧丁香	*Syringa vulgaris*	木樨科	Oleaceae	丁香属	*Syringa*
车前	*Plantago asiatica*	车前科	Plantaginaceae	车前属	*Plantago*
平车前	*Plantago depressa*	车前科	Plantaginaceae	车前属	*Plantago*

（续）

中文名	学名	科中文名	科学名	属中文名	属学名
长叶车前	*Plantago lanceolata*	车前科	Plantaginaceae	车前属	*Plantago*
大车前	*Plantago major*	车前科	Plantaginaceae	车前属	*Plantago*
细叶水蔓菁	*Pseudolysimachion linariifolium*	车前科	Plantaginaceae	兔尾苗属	*Pseudolysimachion*
阿拉伯婆婆纳	*Veronica persica*	车前科	Plantaginaceae	婆婆纳属	*Veronica*
婆婆纳	*Veronica polita*	车前科	Plantaginaceae	婆婆纳属	*Veronica*
凌霄	*Campsis grandiflora*	紫葳科	Bignoniaceae	凌霄属	*Campsis*
线叶筋骨草	*Ajuga linearifolia*	唇形科	Lamiaceae	筋骨草属	*Ajuga*
多花筋骨草	*Ajuga multiflora*	唇形科	Lamiaceae	筋骨草属	*Ajuga*
海州常山	*Clerodendrum trichotomum*	唇形科	Lamiaceae	大青属	*Clerodendrum*
夏至草	*Lagopsis supina*	唇形科	Lamiaceae	夏至草属	*Lagopsis*
益母草	*Leonurus japonicus*	唇形科	Lamiaceae	益母草属	*Leonurus*
地笋	*Lycopus lucidus*	唇形科	Lamiaceae	地笋属	*Lycopus*
薄荷	*Mentha canadensis*	唇形科	Lamiaceae	薄荷属	*Mentha*
紫苏	*Perilla frutescens*	唇形科	Lamiaceae	紫苏属	*Perilla*
林荫鼠尾草	*Salvia nemorosa*	唇形科	Lamiaceae	鼠尾草属	*Salvia*
荔枝草	*Salvia plebeia*	唇形科	Lamiaceae	鼠尾草属	*Salvia*
黄芩	*Scutellaria baicalensis*	唇形科	Lamiaceae	黄芩属	*Scutellaria*
黑龙江香科科	*Teucrium ussuriense*	唇形科	Lamiaceae	香科科属	*Teucrium*
血见愁	*Teucrium viscidum*	唇形科	Lamiaceae	香科科属	*Teucrium*
百里香	*Thymus mongolicus*	唇形科	Lamiaceae	百里香属	*Thymus*
黄荆	*Vitex negundo*	唇形科	Lamiaceae	牡荆属	*Vitex*
荆条	*Vitex negundo* var. *heterophylla*	唇形科	Lamiaceae	牡荆属	*Vitex*
通泉草	*Mazus pumilus*	通泉草科	Mazaceae	通泉草属	*Mazus*
透骨草	*Phryma leptostachya* subsp. *asiatica*	透骨草科	Phrymaceae	透骨草属	*Phryma*
楸叶泡桐	*Paulownia catalpifolia*	泡桐科	Paulowniaceae	泡桐属	*Paulownia*
毛泡桐	*Paulownia tomentosa*	泡桐科	Paulowniaceae	泡桐属	*Paulownia*
地黄	*Rehmannia glutinosa*	列当科	Orobanchaceae	地黄属	*Rehmannia*
阴行草	*Siphonostegia chinensis*	列当科	Orobanchaceae	阴行草属	*Siphonostegia*
石沙参	*Adenophora polyantha*	桔梗科	Campanulaceae	沙参属	*Adenophora*
荠苨	*Adenophora trachelioides*	桔梗科	Campanulaceae	沙参属	*Adenophora*
藿香蓟	*Ageratum conyzoides*	菊科	Asteraceae	藿香蓟属	*Ageratum*
黄花蒿	*Artemisia annua*	菊科	Asteraceae	蒿属	*Artemisia*
艾	*Artemisia argyi*	菊科	Asteraceae	蒿属	*Artemisia*
茵陈蒿	*Artemisia capillaris*	菊科	Asteraceae	蒿属	*Artemisia*
牛尾蒿	*Artemisia dubia*	菊科	Asteraceae	蒿属	*Artemisia*
南牡蒿	*Artemisia eriopoda*	菊科	Asteraceae	蒿属	*Artemisia*
牡蒿	*Artemisia japonica*	菊科	Asteraceae	蒿属	*Artemisia*
野艾蒿	*Artemisia lavandulifolia*	菊科	Asteraceae	蒿属	*Artemisia*

（续）

中文名	学名	科中文名	科学名	属中文名	属学名
猪毛蒿	*Artemisia scoparia*	菊科	Asteraceae	蒿属	*Artemisia*
白莲蒿	*Artemisia stechmanniana*	菊科	Asteraceae	蒿属	*Artemisia*
毛莲蒿	*Artemisia vestita*	菊科	Asteraceae	蒿属	*Artemisia*
三脉紫菀	*Aster ageratoides*	菊科	Asteraceae	紫菀属	*Aster*
狗娃花	*Aster hispidus*	菊科	Asteraceae	紫菀属	*Aster*
马兰	*Aster indicus*	菊科	Asteraceae	紫菀属	*Aster*
山马兰	*Aster lautureanus*	菊科	Asteraceae	紫菀属	*Aster*
全叶马兰	*Aster pekinensis*	菊科	Asteraceae	紫菀属	*Aster*
婆婆针	*Bidens bipinnata*	菊科	Asteraceae	鬼针草属	*Bidens*
金盏银盘	*Bidens biternata*	菊科	Asteraceae	鬼针草属	*Bidens*
小花鬼针草	*Bidens parviflora*	菊科	Asteraceae	鬼针草属	*Bidens*
鬼针草	*Bidens pilosa*	菊科	Asteraceae	鬼针草属	*Bidens*
丝毛飞廉	*Carduus crispus*	菊科	Asteraceae	飞廉属	*Carduus*
烟管头草	*Carpesium cernuum*	菊科	Asteraceae	天名精属	*Carpesium*
小红菊	*Chrysanthemum chanetii*	菊科	Asteraceae	菊属	*Chrysanthemum*
野菊	*Chrysanthemum indicum*	菊科	Asteraceae	菊属	*Chrysanthemum*
甘菊	*Chrysanthemum lavandulifolium*	菊科	Asteraceae	菊属	*Chrysanthemum*
菊苣	*Cichorium intybus*	菊科	Asteraceae	菊苣属	*Cichorium*
刺儿菜	*Cirsium arvense* var. *integrifolium*	菊科	Asteraceae	蓟属	*Cirsium*
大刺儿菜	*Cirsium arvense* var. *setosum*	菊科	Asteraceae	蓟属	*Cirsium*
绿蓟	*Cirsium chinense*	菊科	Asteraceae	蓟属	*Cirsium*
蓟	*Cirsium japonicum*	菊科	Asteraceae	蓟属	*Cirsium*
野蓟	*Cirsium maackii*	菊科	Asteraceae	蓟属	*Cirsium*
金鸡菊	*Coreopsis basalis*	菊科	Asteraceae	金鸡菊属	*Coreopsis*
秋英	*Cosmos bipinnatus*	菊科	Asteraceae	秋英属	*Cosmos*
尖裂假还阳参	*Crepidiastrum sonchifolium*	菊科	Asteraceae	假还阳参属	*Crepidiastrum*
蓝目菊	*Dimorphotheca ecklonis*	菊科	Asteraceae	异果菊属	*Dimorphotheca*
驴欺口	*Echinops davuricus*	菊科	Asteraceae	蓝刺头属	*Echinops*
华东蓝刺头	*Echinops grijsii*	菊科	Asteraceae	蓝刺头属	*Echinops*
鳢肠	*Eclipta prostrata*	菊科	Asteraceae	鳢肠属	*Eclipta*
一年蓬	*Erigeron annuus*	菊科	Asteraceae	飞蓬属	*Erigeron*
香丝草	*Erigeron bonariensis*	菊科	Asteraceae	飞蓬属	*Erigeron*
小蓬草	*Erigeron canadensis*	菊科	Asteraceae	飞蓬属	*Erigeron*
林泽兰	*Eupatorium lindleyanum*	菊科	Asteraceae	泽兰属	*Eupatorium*
天人菊	*Gaillardia pulchella*	菊科	Asteraceae	天人菊属	*Gaillardia*
菊芋	*Helianthus tuberosus*	菊科	Asteraceae	向日葵属	*Helianthus*
泥胡菜	*Hemisteptia lyrata*	菊科	Asteraceae	泥胡菜属	*Hemisteptia*
旋覆花	*Inula japonica*	菊科	Asteraceae	旋覆花属	*Inula*

(续)

中文名	学名	科中文名	科学名	属中文名	属学名
线叶旋覆花	*Inula linariifolia*	菊科	Asteraceae	旋覆花属	*Inula*
中华苦荬菜	*Ixeris chinensis*	菊科	Asteraceae	苦荬菜属	*Ixeris*
翅果菊	*Lactuca indica*	菊科	Asteraceae	莴苣属	*Lactuca*
野莴苣	*Lactuca serriola*	菊科	Asteraceae	莴苣属	*Lactuca*
大丁草	*Leibnitzia anandria*	菊科	Asteraceae	大丁草属	*Leibnitzia*
毛连菜	*Picris hieracioides*	菊科	Asteraceae	毛连菜属	*Picris*
风毛菊	*Saussurea japonica*	菊科	Asteraceae	风毛菊属	*Saussurea*
篦苞风毛菊	*Saussurea pectinata*	菊科	Asteraceae	风毛菊属	*Saussurea*
华北鸦葱	*Scorzonera albicaulis*	菊科	Asteraceae	蛇鸦葱属	*Scorzonera*
桃叶鸦葱	*Scorzonera sinensis*	菊科	Asteraceae	蛇鸦葱属	*Scorzonera*
加拿大一枝黄花	*Solidago canadensis*	菊科	Asteraceae	一枝黄花属	*Solidago*
续断菊	*Sonchus asper*	菊科	Asteraceae	苦苣菜属	*Sonchus*
长裂苦苣菜	*Sonchus brachyotus*	菊科	Asteraceae	苦苣菜属	*Sonchus*
苦苣菜	*Sonchus oleraceus*	菊科	Asteraceae	苦苣菜属	*Sonchus*
苣荬菜	*Sonchus wightianus*	菊科	Asteraceae	苦苣菜属	*Sonchus*
钻叶紫菀	*Symphyotrichum subulatum*	菊科	Asteraceae	联毛紫菀属	*Symphyotrichum*
鸦葱	*Takhtajaniantha austriaca*	菊科	Asteraceae	鸦葱属	*Takhtajaniantha*
蒙古鸦葱	*Takhtajaniantha mongolica*	菊科	Asteraceae	鸦葱属	*Takhtajaniantha*
蒲公英	*Taraxacum mongolicum*	菊科	Asteraceae	蒲公英属	*Taraxacum*
婆罗门参	*Tragopogon pratensis*	菊科	Asteraceae	婆罗门参属	*Tragopogon*
碱菀	*Tripolium pannonicum*	菊科	Asteraceae	碱菀属	*Tripolium*
西方苍耳	*Xanthium occidentale*	菊科	Asteraceae	苍耳属	*Xanthium*
苍耳	*Xanthium strumarium*	菊科	Asteraceae	苍耳属	*Xanthium*
意大利苍耳	*Xanthium strumarium* subsp. *italicum*	菊科	Asteraceae	苍耳属	*Xanthium*
接骨木	*Sambucus williamsii*	荚蒾科	Viburnaceae	接骨木属	*Sambucus*
忍冬	*Lonicera japonica*	忍冬科	Caprifoliaceae	忍冬属	*Lonicera*
锦带花	*Weigela florida*	忍冬科	Caprifoliaceae	锦带花属	*Weigela*
常春藤	*Hedera nepalensis* var. *sinensis*	五加科	Araliaceae	常春藤属	*Hedera*
芫荽	*Coriandrum sativum*	伞形科	Apiaceae	芫荽属	*Coriandrum*
野胡萝卜	*Daucus carota*	伞形科	Apiaceae	胡萝卜属	*Daucus*
茴香	*Foeniculum vulgare*	伞形科	Apiaceae	茴香属	*Foeniculum*
防风	*Saposhnikovia divaricata*	伞形科	Apiaceae	防风属	*Saposhnikovia*

中文名索引

A
艾 ·· 161

B
白车轴草 ··· 072
白莲蒿 ··· 150
白头翁 ··· 032
白羊草 ··· 073
半夏 ·· 138
薄荷 ·· 033
北马兜铃 ··· 132
播娘蒿 ··· 159

C
苍耳 ·· 141
侧柏 ·· 123
长梗韭 ··· 052
长蕊石头花 ··· 097
长叶冻绿 ··· 139
臭椿 ·· 142
穿龙薯蓣 ··· 034
刺槐 ·· 128
刺榆 ·· 120

D
大果榆 ··· 145
大花野豌豆 ··· 110
大画眉草 ··· 074
大戟 ·· 133
大麻 ·· 164
大披针薹草 ··· 165
大叶铁线莲 ··· 154
地黄 ·· 050
地梢瓜 ··· 053
地榆 ·· 054
荻 ··· 105
多花筋骨草 ··· 111

E
鹅肠菜 ··· 075
鹅观草 ··· 076
二色补血草 ··· 100

F
繁缕 ·· 140
防风 ·· 035
附地菜 ··· 055

G
杠柳 ·· 137
葛 ··· 036
狗尾草 ··· 173
枸杞 ·· 153
广布野豌豆 ··· 077

H
旱柳 ·· 130
合欢 ·· 109
何首乌 ··· 037
黑弹树 ··· 131
黑松 ·· 122
胡枝子 ··· 157
槲树 ·· 126
花木蓝 ··· 169
画眉草 ··· 078
黄花菜 ··· 056
黄花蒿 ··· 145
黄精 ·· 038
黄芩 ·· 039
黄香草木樨 ··· 079

J
茅 ··· 058
茅苍 ·· 057
假苇拂子茅 ··· 080

荆条	179
菊芋	081
君迁子	059

K

| 苦参 | 040 |

L

狼尾草	175
榔榆	177
藜	082
连翘	041
楝	134
芦苇	176
芦竹	163
栾	119
萝藦	171
荩草	168

M

麻栎	125
马齿苋	060
马蔺	170
芒	172
毛白杨	124
毛泡桐	112
毛樱桃	062
茅莓	061
蒙古栎	127
蒙桑	174
牡蒿	149
木槿	167

N

南蛇藤	166
南天竹	135
牛筋草	083
牛奶子	096
牛尾菜	066
牛膝	042
牛枝子	084

P

| 蒲公英 | 043 |

Q

青花椒	155
青杆	121
苘麻	160

R

| 绒毛胡枝子 | 098 |

S

三裂绣线菊	093
桑	114
山丹	108
山麦冬	099
山桃	069
山杏	063
山皂荚	118
山楂	065
射干	044
石沙参	051
石竹	095
薯蓣	067
水杉	113
水栒子	094
酸枣	068

T

| 桃叶鸦葱 | 102 |

W

瓦松	136
卫矛	045
梧桐	117

Q

| 纤毛鹅观草 | 085 |

X

| 小画眉草 | 086 |
| 小蓬草 | 087 |

小叶巧玲花	107
薤白	064
徐长卿	046
雪松	115

Y

烟台补血草	101
盐麸木	088
羊草	089
野艾蒿	090
野古草	162
野胡萝卜	158
野韭	070
野蔷薇	156
茵陈蒿	148
银杏	144
迎春花	106
榆树	179
榆叶梅	092
玉竹	047
圆柏	129
圆叶鼠李	151
远志	049

Z

早开堇菜	104
皂荚	152
柘	116
皱果苋	091
诸葛菜	103
猪毛菜	071
紫荆	048
紫苏	147
紫穗槐	143

学名索引

A

Abutilon theophrasti ········· 160
Achyranthes bidentata ········· 042
Adenophora polyantha ········· 051
Adenophora trachelioides ········· 057
Ailanthus altissima ········· 142
Ajuga multiflora ········· 111
Albizia julibrissin ········· 109
Allium macrostemon ········· 064
Allium neriniflorum ········· 052
Allium ramosum ········· 070
Amaranthus viridis ········· 091
Amorpha fruticosa ········· 143
Aristolochia contorta ········· 132
Artemisia annua ········· 146
Artemisia argyi ········· 161
Artemisia capillaris ········· 148
Artemisia japonica ········· 149
Artemisia lavandulifolia ········· 090
Artemisia stechmanniana ········· 150
Arundinella hirta ········· 162
Arundo donax ········· 163

B

Belamcanda chinensis ········· 044
Bothriochloa ischaemum ········· 073

C

Calamagrostis pseudophragmites ········· 080
Cannabis sativa ········· 164
Capsella bursa-pastoris ········· 058
Carex lanceolata ········· 165
Cedrus deodara ········· 115
Celastrus orbiculatus ········· 166
Celtis bungeana ········· 131
Cercis chinensis ········· 048
Chenopodium album ········· 082

Clematis heracleifolia ········· 154
Cotoneaster multiflorus ········· 094
Crataegus pinnatifida ········· 065
Cynanchum rostellatum ········· 171
Cynanchum thesioides ········· 053

D

Daucus carota ········· 158
Descurainia sophia ········· 159
Dianthus chinensis ········· 095
Dioscorea nipponica ········· 034
Dioscorea polystachya ········· 067
Diospyros lotus ········· 059

E

Elaeagnus umbellata ········· 096
Eleusine indica ········· 083
Elymus ciliaris ········· 085
Elymus kamoji ········· 076
Eragrostis cilianensis ········· 074
Eragrostis minor ········· 086
Eragrostis pilosa ········· 078
Erigeron canadensis ········· 087
Euonymus alatus ········· 045
Euphorbia pekinensis ········· 133

F

Firmiana simplex ········· 117
Forsythia suspensa ········· 041
Frangula crenata ········· 139

G

Ginkgo biloba ········· 144
Gleditsia japonica ········· 118
Gleditsia sinensis ········· 152
Gypsophila oldhamiana ········· 097

H

Helianthus tuberosus ·· 081
Hemerocallis citrina ·· 056
Hemiptelea davidii ·· 120
Hibiscus syriacus ··· 167
Humulus scandens ·· 168

I

Indigofera kirilowii ·· 169
Iris lactea ··· 170

J

Jasminum nudiflorum ·· 106
Juniperus chinensis ··· 129

K

Kali collinum ·· 071
Koelreuteria paniculata ··· 119

L

Lespedeza bicolor ·· 157
Lespedeza potaninii ··· 084
Lespedeza tomentosa ··· 098
Leymus chinensis ·· 089
Lilium pumilum ·· 108
Limonium bicolor ··· 100
Limonium franchetii ··· 101
Liriope spicata ·· 099
Lycium chinense ··· 153

M

Maclura tricuspidata ··· 116
Melia azedarach ·· 134
Melilotus officinalis ··· 079
Mentha canadensis ··· 033
Metasequoia glyptostroboides ·· 113
Miscanthus sacchariflorus ··· 105
Miscanthus sinensis ·· 172
Morus alba ··· 114
Morus mongolica ·· 174

N

Nandina domestica ··· 135

O

Orostachys fimbriata ··· 136
Orychophragmus violaceus ·· 103

P

Paulownia tomentosa ·· 112
Pennisetum alopecuroides ·· 175
Perilla frutescens ··· 147
Periploca sepium ··· 137
Phragmites australis ··· 176
Picea wilsonii ·· 121
Pinellia ternata ··· 138
Pinus thunbergii ··· 122
Platycladus orientalis ·· 123
Pleuropterus multiflorus ·· 037
Polygala tenuifolia ·· 049
Polygonatum odoratum ··· 047
Polygonatum sibiricum ··· 038
Populus tomentosa ·· 124
Portulaca oleracea ··· 060
Prunus davidiana ·· 069
Prunus sibirica ·· 063
Prunus tomentosa ··· 062
Prunus triloba ··· 092
Pueraria montana var. *lobata* ·· 036
Pulsatilla chinensis ·· 032

Q

Quercus acutissima ··· 125
Quercus dentata ·· 126
Quercus mongolica ··· 127

R

Rehmannia glutinosa ··· 050
Rhamnus globosa ·· 151
Rhus chinensis ·· 088
Robinia pseudoacacia ·· 128
Rosa multiflora ··· 156
Rubus parvifolius ·· 061

S

Salix matsudana ···130
Sanguisorba officinalis ·······································054
Saposhnikovia divaricata ····································035
Scorzonera sinensis ··102
Scutellaria baicalensis ·······································039
Setaria viridis ···173
Smilax riparia ··066
Sophora flavescens ···040
Spiraea trilobata ···093
Stellaria aquatica ···075
Stellaria media ···140
Syringa pubescens subsp. *microphylla* ···············107

T

Taraxacum mongolicum ·····································043
Trifolium repens ···072
Trigonotis peduncularis ·····································055

U

Ulmus macrocarpa ···145
Ulmus parvifolia ···177
Ulmus pumila ··178

V

Vicia bungei ··110
Vicia cracca ··077
Vincetoxicum pycnostelma ·································046
Viola prionantha ···104
Vitex negundo ··179

X

Xanthium strumarium ··141

Z

Zanthoxylum schinifolium ··································155
Ziziphus jujuba var. *spinosa* ······························068